MAJORANA e
LA MACCHIN
L'ENERGIA PROIBITA

MARK RAB

1 Introduzione

> «Ettore Majorana aveva doni che era il
> solo al mondo a possedere.»
> – Enrico Fermi

Ettore Majorana non sarebbe morto suicida, né tanto
meno sarebbe fuggito in Venezuela. Lo scienziato
scomparso nel nulla il 27 marzo del 1938 a poco più di
31 anni, mentre era docente di Fisica teorica presso
l'università di Napoli, non si sarebbe mai mosso
dall'Italia. Per essere più precisi, avrebbe chiesto e
ottenuto di essere ospitato in un convento del Sud
Italia, dove sarebbe rimasto fino alla fine dei suoi
giorni.

Filmati sconvolgenti, scottanti documenti e
testimonianze dirette rivelano le evidenze straordinarie
che confermano l'esistenza di una macchina in grado
di produrre energia gratuita e illimitata, la famosa free-
energy, di un raggio capace di vaporizzare la materia,
tutto all'interno di un intrigo internazionale.

A rivelare questa nuova verità su uno dei più grandi
geni che l'Italia abbia mai avuto, è Rolando Pelizza,
l'uomo che da sempre sostiene di essere stato l'allievo

di Majorana e di averlo aiutato a costruire una macchina in grado di annichilire la materia, producendo quantità infinite di energia a costo zero.

«Dal 1° maggio 1958 al 26 febbraio 1964 sono stato allievo di Ettore Majorana – racconta Rolando Pelizza – e negli anni successivi sono stato suo collaboratore nella realizzazione del progetto di costruzione della macchina produttrice di antiparticelle. Posso affermare senza tema di smentita che Ettore Majorana non è morto nel 1938: l'ho conosciuto e frequentato e mi ha insegnato la "sua matematica" e la "sua fisica" e poi mi ha accompagnato con i suoi insegnamenti per molti anni. Per onestà intellettuale, voglio affermare che la paternità dello studio che sta alla base della macchina è opera esclusiva di Majorana».

2 ETTORE MAJORANA

Ettore Majorana (Catania, 5 agosto 1906 – Italia, 27 marzo 1938 (morte presunta) o in località ignota dopo il 1959) è stato un fisico e accademico italiano. Operò principalmente come teorico della fisica all'interno del gruppo di fisici noto come i "ragazzi di via Panisperna": le sue opere più importanti hanno riguardato la fisica nucleare e la meccanica quantistica relativistica, con particolari applicazioni nella teoria dei neutrini. La sua improvvisa e misteriosa scomparsa ha suscitato, dalla primavera del 1938, numerose speculazioni riguardo al possibile suicidio o allontanamento volontario, e le sue reali motivazioni, a causa anche della sua personalità e fama di geniale fisico teorico.

3 Biografia

« Sono nato a Catania il 5 agosto 1906. Ho seguito gli studi classici conseguendo la licenza liceale nel 1923; ho poi atteso regolarmente agli studi di ingegneria a Roma fino alla soglia dell'ultimo anno. Nel 1928, desiderando occuparmi di scienza pura, ho chiesto e ottenuto il passaggio alla facoltà di fisica e nel 1929 mi sono laureato in fisica teorica sotto la direzione di S.E. Enrico Fermi svolgendo la tesi: "La teoria quantistica dei nuclei radioattivi" e ottenendo i pieni voti e la lode. Negli anni successivi ho frequentato liberamente l'Istituto di Fisica di Roma seguendo il movimento scientifico e attendendo a ricerche teoriche di varia indole.Ininterrottamente mi sono giovato della guida sapiente e animatrice di S.E. il prof. Enrico Fermi. »

Ettore Majorana, penultimo di cinque fratelli, nacque a Catania, in via Etnea 251, il 5 agosto del 1906 da Fabio Massimo Majorana (1875-1934) e da Dorina Corso (1876-1965). Egli apparteneva ad un'antica e prestigiosa famiglia di giuristi originaria di Militello in Val di Catania, vivace centro feudale del Val di Noto, dove per secoli si distinse nella partecipazione alla vita politica ed economica del territorio.

Il nonno di Ettore, Salvatore Majorana Calatabiano (1825-1897), era stato deputato dalla nona alla tredicesima legislatura nelle file della sinistra storica, due volte ministro dell'Agricoltura, Industria e Commercio nel primo e terzo governo Depretis (1876-1879) e senatore del Regno d'Italia nel 1879.

Il padre Fabio, ultimo di cinque fratelli, si era laureato a diciannove anni in Ingegneria e quindi in Scienze fisiche e matematiche. Gli altri quattro erano Giuseppe, giurista, rettore e deputato, nato nel 1863; Angelo, statista, 1865; Quirino, fisico, 1871; Dante, giurista e rettore universitario, 1874.

Gli altri fratelli di Ettore erano: Rosina, Salvatore, dottore in legge e studioso di filosofia; Luciano, ingegnere civile, specializzato in costruzioni aeronautiche si dedicò alla progettazione e costruzione di strumenti per l'astronomia ottica; Maria, diplomata a pieni voti in pianoforte al Conservatorio Santa Cecilia. Il figlio di Salvatore, Ettore Majorana jr., nato dopo la sua scomparsa, ha intrapreso la carriera di fisico come lo zio omonimo, presso l'Università La Sapienza di Roma.

Ettore fu praticamente un bambino prodigio rivelando una precocissima attitudine per la matematica, svolgendo a memoria calcoli complicati fin dall'età di 5 anni e inoltre si dedicò allo studio personale della fisica, disciplina che sin da piccolo lo affascinava. Alla sua educazione sopraintese (sino a circa nove anni) il padre. Ettore terminò le elementari e successivamente il ginnasio (completato in soli quattro anni) presso il collegio "Massimiliano Massimo" dei Gesuiti a Roma. Possedeva anche un'ottima cultura umanistica in letteratura (apprezzava molto il conterraneo Luigi Pirandello) nonché un raffinato senso dell'umorismo e dell'ironia, acuto nelle osservazioni e nei discorsi di cultura generale.

Quando anche la famiglia si trasferì a Roma nel 1921, continuò a frequentare l'istituto Massimo come esterno per il primo e secondo anno del liceo classico. Frequentò il terzo anno presso l'istituto statale Torquato Tasso, e nella sessione estiva del 1923 conseguì la maturità classica.

Terminati gli studi liceali Ettore si iscrisse alla facoltà d'Ingegneria. Fra i suoi compagni di corso vi erano il fratello Luciano, Emilio Segrè, Enrico Volterra.

4 Il passaggio a Fisica

Emilio Segrè, giunto al quarto anno di studi d'ingegneria, decise di passare a Fisica: a questa scelta, che in lui meditava da tempo, non erano stati estranei gli incontri avuti (estate del 1927) con Franco Rasetti ed Enrico Fermi, allora ventiseienne, da poco nominato professore ordinario di fisica teorica all'Università di Roma, cattedra creata in quel periodo da Orso Mario Corbino; si annota che, della commissione che assegnò la cattedra a Fermi, era membro Quirino Majorana.

Segrè riuscì a convincere anche Majorana a passare alla facoltà di fisica, e il passaggio avvenne dopo un incontro con Fermi.

Ecco il resoconto che Amaldi fa di quell'incontro:

« (...) Nell'autunno 1927 e all'inizio dell'inverno 1927-28 Emilio Segrè, nel nuovo ambiente che si era formato da pochi mesi attorno a Fermi, parlava frequentemente delle eccezionali qualità di Ettore Majorana e, contemporaneamente, cercava di convincere Ettore Majorana a seguire il suo esempio, facendogli notare come gli studi di fisica fossero assai più consoni di quelli di ingegneria alle sue aspirazioni scientifiche e alle sue capacità speculative. Egli venne all'Istituto di via Panisperna e fu accompagnato da Segrè nello studio di Fermi ove si trovava anche

Rasetti. Fu in quell'occasione che io lo vidi per la prima volta. Da lontano appariva smilzo, con un'andatura timida, quasi incerta; da vicino si notavano i capelli nerissimi, la carnagione scura, le gote lievemente scavate, gli occhi vivacissimi e scintillanti: nell'insieme, l'aspetto di un saraceno. Fermi lavorava allora al modello statistico dell'atomo che prese in seguito il nome di Thomas-Fermi. Il discorso con Majorana cadde subito sulle ricerche in corso all'Istituto e Fermi espose rapidamente le linee generali del modello, mostrò a Majorana gli estratti dei suoi recenti lavori sull'argomento e, in particolare, la tabella in cui erano raccolti i valori numerici del cosiddetto potenziale universale di Fermi. Majorana ascoltò con interesse e, dopo aver chiesto qualche chiarimento, se ne andò senza manifestare i suoi pensieri e le sue intenzioni. Il giorno dopo, nella tarda mattinata, Majorana si presentò di nuovo all'istituto e chiese di vedere la tabella. Avutala in mano, estrasse dalla tasca un foglietto su cui era scritta una analoga tabella da lui calcolata a casa nelle ultime ventiquattr'ore, trasformando, l'equazione del secondo ordine non lineare di Thomas-Fermi in una equazione di Riccati che poi aveva integrato numericamente. Confrontò le due tabelle e, constatato che erano in pieno accordo fra loro, disse che la tabella di Fermi andava bene e, uscito dallo studio, se ne andò dall'Istituto. »

Majorana era quindi tornato non per verificare se la tabella da lui calcolata nelle ultime 24 ore fosse corretta, bensì per verificare se fosse esatta quella di Fermi.

Majorana passò a Fisica e cominciò a frequentare l'Istituto di Via Panisperna regolarmente fino alla laurea, meno di due anni dopo. Si laureò, con il voto di 110/110 e lode, il 6 luglio 1929, relatore Enrico Fermi, presentando una tesi sulla teoria quantistica dei nuclei radioattivi. All'istituto Ettore trascorreva molto tempo in biblioteca, preferendo il lavoro solitario allo spirito di gruppo che rese celebri i giovani scienziati che attorniavano Fermi. Fu l'unico a non lavorare in collaborazione diretta con Fermi, anche in qualità di teorico, pur essendo il solo in grado di interagirvi alla pari.

Un altro aneddoto ricorda il commento sarcastico alla scoperta del neutrone che valse successivamente il premio Nobel per la Fisica a James Chadwick:

« "Che cretini! Hanno scoperto il protone neutro e non se ne accorgono!" »

In quel periodo effettuò diversi studi, alcuni dei quali confluirono in diversi articoli su argomenti di spettroscopia e su un articolo sulla descrizione di particelle con spin arbitrario. Effettuò anche brevi studi su moltissimi argomenti che spaziavano dalla fisica terrestre all'ingegneria elettrica, alla termodinamica, allo studio di alcune reazioni nucleari non molto diverse da quelle che sono alla base della bomba atomica. È stato possibile ricostruire in parte il percorso di questi studi in base a una serie di manoscritti, i Quaderni e i Volumetti, custoditi dalla Domus Galilaeana di Pisa e pubblicati nel 2006.

Per il suo carattere distaccato, critico e scontroso, e allo stesso tempo autocritico e modesto gli venne affibbiato ironicamente il soprannome di "Grande inquisitore" quando anche tutti gli altri giovani fisici dell'Istituto di via Panisperna avevano un soprannome mediato in gran parte dalla gerarchia ecclesiastica (Fermi era il "Papa", Rasetti, che spesso sostituiva Fermi in alcune mansioni importanti, il "Cardinale Vicario", Corbino ovviamente era il "Padreterno", Segrè "Basilisco" (per il suo carattere mordace), mentre Amaldi, per le sue delicate fattezze fisiche, era chiamato "Gote rosse", o "Adone", un titolo di cui non era affatto entusiasta).

5 Il soggiorno tedesco

Si lasciò comunque convincere ad andare all'estero (Lipsia e Copenaghen), come anche Enrico Fermi aveva fatto più volte negli anni 20, e gli fu assegnata dal Consiglio Nazionale delle Ricerche una sovvenzione per tale viaggio che ebbe inizio alla fine di gennaio del 1933 e durò circa sei mesi. L'incontro con Werner Heisenberg fu proficuo, tanto che questi riuscì (lì dove Fermi e gli altri avevano fallito) a far pubblicare a Majorana Über die Kerntheorie (Sulla teoria nucleare), in Zeitschrift für Physik (Giornale di Fisica).

Abbiamo alcune sue lettere del periodo tedesco. Il 20 gennaio, in una lettera alla madre scrive:

« All'Istituto di Fisica mi hanno accolto molto cordialmente. Ho avuto una lunga conversazione con Heisenberg che è persona straordinariamente cortese e simpatica »

In una lettera al padre, il 18 febbraio, scrive:

« ho scritto un articolo sulla struttura dei nuclei che a Heisenberg è piaciuto benché contenesse alcune correzioni a una sua teoria »

Nel viaggio fatto all'estero fu colpito dall'organizzazione tedesca. Ed ecco come illustra nella medesima lettera alla madre la rivoluzione nazista:

« Lipsia, che era in maggioranza socialdemocratica, ha accettato la rivoluzione senza sforzo. Cortei nazionalisti percorrono frequentemente le vie centrali e periferiche, in silenzio, ma con aspetto sufficientemente marziale. Rare le uniformi brune mentre campeggia ovunque la croce uncinata. La persecuzione ebraica riempie di allegrezza la maggioranza ariana. Il numero di coloro che troveranno posto nell'amministrazione pubblica e in molte private, in seguito all'espulsione degli ebrei, è rilevantissimo; e questo spiega la popolarità della lotta antisemita. A Berlino oltre il cinquanta per cento dei procuratori erano israeliti. Di essi un terzo sono stati eliminati; gli altri rimangono perché erano in carica nel '14 e hanno fatto la guerra. Negli ambienti universitari l'epurazione sarà completa entro il mese di ottobre. Il nazionalismo tedesco consiste in gran parte nell'orgoglio di razza. In realtà non solo gli ebrei, ma anche i comunisti e in genere gli avversari del regime vengono in gran parte eliminati dalla vita sociale. Nel complesso l'opera del governo risponde a una necessità storica: far posto alla nuova generazione che rischia di essere soffocata dalla stasi economica »

Non è dato sapere se i suoi più intimi collaboratori conoscessero le sue impressioni e le sue idee sulla Germania nazista: è certo comunque che a Fermi (la cui moglie era ebrea) tali idee e concezioni non dovessero fare grande piacere e certo pure è (vedi in proposito il libro di Recami su Majorana) che Segrè (ebreo anch'egli) rimase stizzito da un'analoga sua lettera del 22 maggio 1933, nella quale Majorana scrive:

« [...] non è concepibile che un popolo di sessantacinque milioni [la Germania di quel tempo] si lasciasse guidare da una minoranza di Seicentomila [gli ebrei] che dichiarava apertamente di voler costituire un popolo a sé... »

Ma in un'altra lettera spedita a Giovanni Gentile jr. parla di stupida teoria della razza; e nell'ultimo suo articolo pubblicato Majorana esprime, sia pure in modo indiretto, un'opinione positiva del libero arbitrio, opinione che pare incompatibile con il nazismo.

Successivamente Majorana si recò a Copenaghen, dove conobbe Niels Bohr, la cui frequentazione lo portò a conoscere altri fisici importanti dell'epoca, tra i quali Christian Møller e Arthur H. Rosenfeld, e a frequentare George Placzek, che già da qualche tempo conosceva.

Nel 1934, qualche mese dopo il rientro dal soggiorno tedesco, muore a Roma il padre Fabio Majorana, cui Ettore pare fosse legatissimo. Nello stesso anno il gruppo di Via Panisperna scopre in laboratorio le proprietà dei neutroni lenti, scoperta che dette l'avvio alla realizzazione del primo reattore nucleare sperimentale e della successiva bomba atomica nei Laboratory Nazionali di Los Alamos (USA), nell'ambito del Progetto Manhattan, in piena seconda guerra mondiale.

6 1934

Dal 1934 fino alla scomparsa Majorana si chiude in casa a lavorare per ore senza uscire mai, frequentando sempre più saltuariamente l'Istituto di Fisica di via Panisperna e studiando in maniera quasi furiosa tanto che i medici arriveranno a diagnosticargli un esaurimento nervoso. Sovente se ne stava a casa, non riceveva alcuno e respingeva la corrispondenza scrivendoci di proprio pugno con forte autoironia si respinge per morte del destinatario. Curava anche poco l'aspetto fisico e si era lasciato crescere barba e capelli. Ma quello che è certo è che non cessava di studiare: i suoi studi si erano ampliati. Questo è il periodo più oscuro della sua vita: non si sa quale fosse la materia dei suoi studi, anche se qualcosa si può dedurre dalle sue lettere - in particolare da una fitta corrispondenza con lo zio Quirino, noto fisico sperimentale, che stava studiando la fotoconducibilità di lamine metalliche (cfr. Leonardo Sciascia, La scomparsa di Majorana, Milano 1997, cap.).

Ecco il ritratto che ne dà, in quel periodo, Laura Fermi:

« Majorana aveva però un carattere strano: era eccessivamente timido e chiuso in sé. La mattina, nell'andare in tram all'Istituto, si metteva a pensare con la fronte accigliata. Gli veniva in mente un'idea nuova, o la soluzione di un problema difficile, o la spiegazione di certi risultati sperimentali che erano sembrati incomprensibili: si frugava le tasche, ne estraeva una matita e un pacchetto di sigarette su cui scarabocchiava formule complicate. Sceso dal tram se ne andava tutto assorto, col capo chino e un gran ciuffo di capelli neri e scarruffati spioventi sugli occhi. Arrivato all'Istituto cercava di Fermi o di Rasetti e, pacchetto di sigarette alla mano, spiegava la sua idea. »

E ancora:

« Majorana aveva continuato a frequentare l'Istituto di Roma e a lavorarvi saltuariamente, nel suo modo peculiare, finché nel 1933 era andato per qualche mese in Germania. Al ritorno non riprese il suo posto nella vita dell'Istituto; anzi, non volle più farsi vedere nemmeno dai vecchi compagni. Sul turbamento del suo carattere dovette [forse] influire un fatto tragico che aveva colpito la famiglia Majorana. [Nel 1924] un bimbo in fasce, cugino di Ettore, era morto bruciato nella culla, che aveva preso fuoco inspiegabilmente. Si parlò di delitto. Fu accusato uno zio del piccino e di Ettore. Quest'ultimo si assunse la responsabilità di provare l'innocenza dello zio. Con grande risolutezza si occupò personalmente del processo [noto nelle cronache dell'epoca come Processo Maiorana e terminato nel 1932], trattò con gli avvocati, curò i particolari. Lo zio fu assolto; ma lo sforzo, la preoccupazione continua, le emozioni del processo non potevano non lasciare effetti duraturi in una persona sensibile quale era Ettore. »

In questo periodo dirà della fisica la frase estremamente sibillina e ambigua, poi variamente interpretata:

« La fisica è su una strada sbagliata. Siamo tutti su una strada sbagliata »

7 1937

Nel 1937 Ettore Majorana accettò, dopo aver rifiutato Cambridge, Yale e Carnegie Foundation, la cattedra di professore di Fisica teorica all'Università di Napoli per meriti scientifici (pare che tale nomina lo ferì nell'orgoglio, perché aspirava ad una cattedra a Roma), dove si legò d'amicizia con Antonio Carrelli, professore di Fisica sperimentale presso lo stesso Istituto di Fisica.

Anche a Napoli Majorana condusse una vita estremamente ritirata, con i suoi malanni che gli davano fastidio e che si ripercuotevano inevitabilmente sul suo carattere e sul suo umore (cfr. Leonardo Sciascia, La scomparsa di Majorana, Milano 1997, cap.). Il 12 gennaio 1938 Majorana accetta ufficialmente la cattedra di Fisica Teorica presso l'Università di Napoli, e già il giorno dopo tiene la lezione inaugurale, alla presenza della famiglia.

8 La misteriosa scomparsa

La sera del 25 marzo 1938, a 31 anni di età, in un periodo in cui tutto il gruppo di fisici di Via Panisperna si stava disperdendo ognuno con i suoi incarichi di lavoro in Italia o all'estero e circa un anno e mezzo prima dello scoppio della seconda guerra mondiale, Ettore Majorana partì da Napoli, ove risiedeva all'albergo "Bologna" in via Depretis 72, con un piroscafo della società Tirrenia alla volta di Palermo, ove si fermò un paio di giorni alloggiando presso il "Grand Hotel Sole": il viaggio gli era stato consigliato dai suoi più stretti amici, i quali lo avevano invitato a prendersi un periodo di riposo.

Il giorno stesso a Napoli, prima di partire, aveva scritto a Carrelli la seguente missiva:

« Caro Carrelli, ho preso una decisione che era ormai inevitabile. Non vi è in essa un solo granello di egoismo, ma mi rendo conto delle noie che la mia improvvisa scomparsa potrà procurare a te e agli studenti. Anche per questo ti prego di perdonarmi, ma soprattutto per aver deluso tutta la fiducia, la sincera amicizia e la simpatia che mi hai dimostrato in questi mesi. Ti prego anche di ricordarmi a coloro che ho imparato a conoscere e ad apprezzare nel tuo Istituto, particolarmente a Sciuti; dei quali tutti conserverò un caro ricordo almeno fino alle undici di questa sera, e possibilmente anche dopo. »

Ai familiari aveva invece scritto:

« Ho un solo desiderio: che non vi vestiate di nero. Se volete inchinarvi all'uso, portate pure, ma per non più di tre giorni, qualche segno di lutto. Dopo ricordatemi, se potete, nei vostri cuori e perdonatemi. »

Il 26 marzo Carrelli ricevette da Majorana un telegramma in cui gli diceva di non preoccuparsi di quanto scritto nella lettera che gli aveva precedentemente inviato.

« Non allarmarti. Segue lettera. Majorana. »

Lo stesso giorno fu scritta e spedita anche questa ultima lettera, dopo il viaggio di andata:

Palermo, 26 marzo 1938 - XVI
« Caro Carrelli,
Spero che ti siano arrivati insieme il telegramma e la lettera. Il mare mi ha rifiutato e ritornerò domani all'albergo Bologna, viaggiando forse con questo stesso foglio. Ho però intenzione di rinunziare all'insegnamento. Non mi prendere per una ragazza ibseniana perché il caso è differente. Sono a tua disposizione per ulteriori dettagli. »

Ma Majorana non comparve più.

S'iniziarono le ricerche. Delle indagini si occupò il capo della polizia Arturo Bocchini, sollecitato da una lettera urgente di Giovanni Gentile. Del caso si interessò lo stesso Mussolini che ricevette una "supplica" della madre di Majorana e una lettera di Enrico Fermi; sulla copertina del fascicolo in questione scrisse: voglio che si trovi. E Bocchini, evidentemente, per alcuni indizi, poco incline all'ipotesi del suicidio, aggiunse di sua mano: i morti si trovano, sono i vivi che possono scomparire. Fu anche proposta una ricompensa (30 000 lire) per chi ne desse notizie, ma non si seppe mai più nulla di lui, almeno non in modo inequivocabile.

Il professor Vittorio Strazzeri dell'Università di Palermo asserì di averlo visto a bordo alle prime luci dell'alba del 27 marzo mentre il piroscafo sul quale era imbarcato si accingeva ad attraccare a Napoli (in realtà egli condivise la cuccetta con un giovane viaggiatore che, secondo la descrizione, corrispondeva a Majorana, da lui mai conosciuto personalmente). Un marinaio asserì di averlo scorto, dopo aver doppiato Capri, non molto prima che il piroscafo attraccasse, e la società Tirrenia, anche se l'episodio non fu mai confermato, asserì che il biglietto di Majorana era tra quelli testimonianti lo sbarco. Anche un'infermiera che lo conosceva sostenne di averlo visto, in questo caso nei primi giorni dell'aprile 1938, mentre camminava per strada a Napoli. Ma non fu mai trovata nessuna traccia documentata della sua destinazione e le ricerche in mare non diedero alcun esito.

Le indagini furono condotte per circa tre mesi e si estesero a una Residenza dei Gesuiti che si trovava vicino a dove lui abitava, dove pare si fosse rivolto per chiedere una qualche sorta di aiuto, forse come reminiscenza del suo periodo scolastico presso i Gesuiti di Roma. La famiglia seguì anche una pista che sembrava portare al Convento di S. Pasquale di Portici, ma alle domande rivoltegli il padre guardiano rispose con un enigmatico: "Perché volete sapere dov'è? L'importante è che egli sia felice".

Ci fu una ridda di ipotesi e indizi, ma non si ebbero mai certezze sulla sorte di Majorana: va comunque notato che nelle sue lettere egli non parla mai di suicidio, ma solo di scomparsa ed era persona attenta alle parole.

In realtà non si ha piena certezza che Majorana fosse davvero ripartito da Palermo alla volta di Napoli nel viaggio di ritorno sul traghetto come da lui annunciato, si sia gettato in mare o piuttosto abbia voluto far perdere le proprie tracce, cedendo il suo biglietto di viaggio ad un altro viaggiatore in attesa di imbarco, depistando tutti con dichiarazioni ambigue, contraddittorie e ad effetto spiazzante.

L'unica certezza fra tanti dubbi consiste nel fatto che già a gennaio del '38 Majorana aveva chiesto di prelevare dalla banca tutta la somma a lui spettante, e qualche giorno prima del 25 marzo aveva ritirato 5 stipendi arretrati, che fino a quel momento non si era preoccupato di riscuotere. Si è calcolato che il tutto

può equivalere a circa 10 mila dollari attuali[quando?].
Il suo passaporto, inoltre, non fu mai trovato.

Il giorno prima di salpare da Napoli verso Palermo nel viaggio di andata (dunque non al ritorno da Palermo) aveva consegnato alla sua allieva Gilda Senatore una cartella di materiale scientifico: questi documenti furono mostrati dopo vari anni al marito di essa, anch'egli fisico. Questi ne parlò con Carrelli il quale lo riferì al rettore che volle visionarli: dopo di che le carte si persero.

9 Le ipotesi sulla scomparsa

Le ipotesi che sono state fatte sulla scomparsa volontaria di Ettore Majorana, seguono soprattutto cinque filoni: quello del suicidio, quello monastico, quello tedesco, quello sudamericano e quello siciliano.

Ipotesi del suicidio
L'ipotesi del suicidio, adombrato, ma non esplicitamente annunciato da Majorana nelle sue ultime lettere, è estremamente dolorosa e per l'epoca anche infamante. Le repentine variazioni di intenti (anche la partenza e l'improvviso ritorno a Napoli dopo solo 2 giorni) potrebbero essere state sintomi di una personalità molto turbata e la frase il mare mi ha rifiutato un poetico eufemismo, in un atteggiamento tipico di chi è tormentato da un pensiero autodistruttivo che non ha il coraggio di attuare oppure volutamente ambigua negli intenti nell'ipotesi di depistaggio. Vi sono infatti alcuni elementi contraddittori, così riassumibili:

è alquanto inverosimile che un suicida prelevi in banca una somma equivalente all'ammontare di alcune mensilità di stipendio poco prima di suicidarsi; secondo talune testimonianze Majorana sarebbe stato avvistato e riconosciuto a Napoli giorni dopo la scomparsa.

Ancora nel 2011 continuano le indagini a livello giudiziario sulle ipotesi della scomparsa del fisico. Già tra la fine del 2011 e l'inizio del 2012 appaiono alcune possibili notizie sul caso sul bollettino della Società italiana di fisica. In un articolo su Il Nuovo Saggiatore ("Il promemoria 'Tunisi': un nuovo tassello del caso Majorana", vol 27, 5-6, 2011, pp. 58–68), Stefano Roncoroni riporta tra l'altro alcuni brani del diario del nonno paterno Oliviero Savini Nicci: questi, Consigliere di Stato, ebbe un ruolo importante nei primi giorni della scomparsa di Ettore. Poi una lettera al direttore datata 29 febbraio 2012 firmata da Francesco Guerra e Nadia Robotti, intitolata "La borsa di studio della rivista 'Missioni': un punto fermo sulla vicenda di Ettore Majorana". In essa gli autori riferiscono tra l'altro di una lettera datata 22 settembre 1939 indirizzata da un gesuita, tale Padre Caselli, a Salvatore Majorana, il fratello maggiore di Ettore, che comunica di accettare la donazione della famiglia Majorana per istituire una borsa di studio da intitolare all'estinto Ettore. Padre Caselli ringraziando per la cospicua donazione ricevuta appena il giorno prima, scrive:

« [...] Ammiriamo sinceramente il V/. atto generoso per il compianto Ettore Majorana. Il Signore premi la V/. grande fede e il Vostro santo affetto per il caro estinto. [...] »

Secondo gli autori se ne deduce un "punto fermo" nella vicenda: se un gesuita usa il termine "estinto" vuol dire che non ci sono dubbi sulla possibilità che Ettore Majorana sia deceduto entro il settembre 1939.

E ciò toglierebbe di mezzo anche l'ipotesi del suicidio perché non si dedica una borsa di studio religiosa a un suicida. Tale interpretazione ha già ricevuto però qualche critica, osservandosi che potrebbe essersi ingenerato un equivoco tra i termini "scomparso" ed "estinto", o comunque dato definitivamente per morto nel succedersi degli eventi e delle loro più nefaste interpretazioni. Sembrano effettivamente credere all'ipotesi del suicidio due suoi fratelli 28 anni più tardi della scomparsa, nel 1966.

10 Ipotesi monastica

Secondo una seconda ipotesi, sposata soprattutto da Leonardo Sciascia nel suo saggio/romanzo La scomparsa di Majorana, il caso Majorana si sarebbe trattato di una sorta di "dramma personale", di un "genio immaturo e irrequieto" o comunque diverso, alieno dalla normalità ovvero di un uomo, provato da malanni fisici persistenti (colite ulcerosa o gastrite) e stanco dopo aver indagato a fondo molteplici campi dello scibile umano, compresa la fisica e la filosofia ("la parte e il tutto"), abbia deciso di cambiare o rifarsi una vita normale lontano dai riflettori, rinunciando anche all'insegnamento, per via del suo carattere solitario, schivo e poco socievole al limite della misantropia, fors'anche conscio e turbato dai possibili esiti della fisica moderna, delle responsabilità etiche dello scienziato e dell'imminente conflitto mondiale, depistando le indagini a suo favore, facendosi credere morto e cercando l'oblio con una sorta di istrionico "colpo di teatro" pirandelliano, parzialmente casuale e parzialmente voluto, come accaduto nel personaggio de Il fu Mattia Pascal.

Infatti secondo i conoscenti universitari più stretti, Majorana stanco, sovraccarico di responsabilità e con il peso della sua stessa fama, sarebbe caduto in uno stato di profonda depressione subito dopo l'assegnazione della cattedra a Napoli, da cui la rinuncia all'insegnamento e forse la decisione di scomparire cambiando vita. Sulla questione è tornato nel 1999 lo storico della matematica Umberto Bartocci, con uno studio che discute, oltre a quelle menzionate, l'ipotesi che Majorana possa essere stato vittima di un piano maturato nell'ambiente dei fisici da lui frequentato, teso a eliminare un pericoloso rivale di parte avversa in vista dell'imminente conflitto mondiale. Le argomentazioni di Bartocci, di tipo logico, psicologico e indiziario, sono state accolte da grande scetticismo (per non dire ripugnanza) nell'ambiente dei fisici, ma hanno anche attirato l'attenzione di diversi studiosi (storici e no).

L'ipotesi monastica si riallaccia alla gioventù di Ettore con la sua educazione, dal momento che aveva frequentato l'Istituto Massimiliano Massimo dei gesuiti a Roma, e alla sua condizione di credente. Un possibile legame dunque con il passato che si fa vivo ovvero una parte della sua giovinezza. Su questa pista si erano inoltre indirizzate le ricerche della stessa famiglia, la quale scrisse a Papa Pio XII Pacelli, promettendo di non voler affatto interferire sulle scelte eventualmente maturate da Ettore, al solo scopo di sapere dal Vaticano semplicemente se egli fosse vivo: ma nessuna risposta, di nessun segno, venne mai fornita. Questa ipotesi viene ripresa nel libro di Alfredo Ravelli Il dito di Dio (2014), dove Rolando Pelizza racconta di aver conosciuto il "maestro" in un convento e di aver collaborato con lui nella realizzazione di alcuni esperimenti.

Egli, secondo Sciascia, infine si sarebbe rinchiuso nella Certosa di Serra San Bruno in Calabria, per sfuggire a tutto e a tutti, dal momento che non sopportava la vita sociale. Molti hanno sostenuto come veritiera questa ipotesi, ma essa fu sempre negata dai monaci dell'ordine certosino, anche se fu, in seguito, papa Giovanni Paolo II in persona ad avvalorarla quando, il 5 ottobre 1984, andò in visita alla certosa e in un discorso menzionò la passata presenza di personaggi illustri ospitati tra le sue mura, tra cui il fisico scomparso.

Secondo Stefano Roncoroni (figlio di una cugina di Ettore Majorana, sin da giovane appassionato studioso del caso), Ettore Majorana fu infatti ritrovato da suo fratello maggiore, Salvatore, nel marzo del 1938 in un vallone del catanzarese, ma avendo deciso di sparire nessuno riuscì a convincerlo a tornare sui suoi passi, e sarebbe poi morto nel 1939. I Majorana prendendone atto avrebbero deciso di non collaborare alle indagini e di non rivelare dove si trovasse il fisico e tacere sulla sua fine. Tra le motivazioni addette dallo stesso Roncoroni c'è una malattia organica grave e molto più diffusa a quel tempo (forse tubercolosi) che un vicino convento era in grado di curare, una profonda crisi mistica o personale/esistenziale favorita forse dalla sindrome di Asperger oppure la presunta omosessualità di Majorana, a quel tempo molto meno tollerata di ora, e conseguenti dissidi familiari.

11 Ipotesi tedesca

L'ipotesi tedesca suppone che egli sia tornato (o forse anche rapito) in Germania per mettere le sue conoscenze e le sue intuizioni a disposizione del Terzo Reich, e che dopo la seconda guerra mondiale sia emigrato in Argentina come molti altri esponenti del regime nazista, come testimonierebbero, secondo i fautori di questa ipotesi, una foto del dopoguerra in cui compare un volto con le fattezze simili a quelle di Majorana. Per qualcuno invece questa "bizzarra" ipotesi sarebbe solo una "bufala". In tale ambito non manca nemmeno l'ipotesi dell'assassinio da parte di qualche servizio segreto per motivi politici a cui peraltro sembra effettivamente anche un suo cugino.

12 Ipotesi argentina

L'ipotesi argentina si fonda su tracce, reperite da Erasmo Recami, di una sua presenza a Buenos Aires, specie intorno agli anni sessanta: la madre di Tullio Magliotti riferì di aver sentito parlare di lui dal figlio; la moglie di Carlos Rivera raccontò di un presumibile avvistamento del Majorana all'Hotel Continental; un ex ispettore di polizia riconobbe in un'immagine di Majorana l'italiano che incontrò a Buenos Aires in quegli anni.

"Chi l'ha visto?" e le indagini della magistratura romana: Majorana ritrovato in Venezuela?
Nel 2008, della vicenda si è parlato anche in occasione di una puntata della nota trasmissione TV «Chi l'ha visto». In particolare, fu intervistato un italiano, emigrato in Venezuela a metà degli anni cinquanta, il quale espresse il convincimento di aver frequentato a lungo Majorana, anche se questi non gli avrebbe mai rivelato la propria identità. Il procuratore aggiunto Pierfilippo Laviani della Procura della Repubblica di Roma, si convinse ad affidare ai carabinieri verifiche ulteriori in Argentina e Venezuela, ipotizzando che lo scienziato catanese poteva essere ancora in vita nel periodo 1955-59. Il 3 febbraio 2015 la Procura della Repubblica di Roma, in seguito all'apertura di un fascicolo nel 2011 sulla scomparsa del fisico, ha richiesto l'archiviazione dell'indagine. Il

procuratore aggiunto Pierfilippo Laviani, titolare dell'inchiesta, ha accertato la presenza di Ettore Majorana nella città venezuelana di Guacara nei sobborghi di Valencia fra il 1955 e il 1959.

I Ris dei carabinieri hanno accertato la sua identità in una foto scattata in Venezuela nel 1955 in compagnia dell'emigrato italiano Francesco Fasani. Ettore Majorana si faceva chiamare Sig. Bini. Nella sua richiesta di archiviazione il PM Laviani ha scritto: "I risultati della comparazione hanno portato alla perfetta sovrapponibilità" dei particolari anatomici di Majorana (fronte, naso, zigomi, mento e orecchio) con quelle del padre. Come ulteriore prova il Fasani ha inoltre fornito una cartolina che Quirino Majorana, fratello del padre di Ettore e anch'egli fisico di fama mondiale, spedì nel 1920 all'americano W.G. Conklin, e ritrovata dallo stesso Fasani nella vettura di Bini-Majorana. Rimangono ignote le motivazioni del suo espatrio sotto falso nome e quale sia stato il suo destino dopo il 1959.

La seconda vita di Majorana
Nel 2016 esce, edito da Chiarelettere nella collana Reverse, "La seconda vita di Majorana" scritto da Andrea Sceresini, Giuseppe Borello e da Lorenzo Giroffi, un saggio biografico che indaga sulla presunta vita clandestina del fisico in Sud America, tra Argentina e Venezuela. Gli autori ripartendo dalle rivelazioni della trasmissione "Chi l'ha visto?" cercano di ricostruire la vita clandestina del famoso fisico italiano. Nel libro viene ipotizzato che Majorana giunge in Venezuela

dall'Argentina e che nel periodo venezuelano risiedeva nella città di Guacara nel borgo di San Agustín. Dal libro è stato tratto anche un documentario omonimo andato in onda sul canale Rai Storia per il ciclo "Italiani" l'11 ottobre 2016 introdotto da Paolo Mieli.

13 Ipotesi siciliana

Esiste anche una quinta ipotesi, emersa intorno agli anni settanta, che dava Majorana in Sicilia: sarebbe stato infatti lui il fisico eccellente che errava per la Sicilia come un nomade. In realtà esistono effettivamente degli elementi a sostegno di questa incredibile ipotesi: un certo Tommaso Lipari girava infatti per le strade di Mazara del Vallo, dove trovò la morte il 9 luglio del 1973; si trattava di un barbone particolare, dotato di una brillante conoscenza delle materie scientifiche, che lo portava a risolvere i compiti degli scolari che incontrava, inoltre un abitante del paese, Armando Romeo, disse che il Lipari gli aveva mostrato una cicatrice sulla mano destra, tipica del Majorana; inoltre usava un bastone con incisa la data del 5 agosto 1906, ovvero la data di nascita del fisico. Infine, al funerale di Lipari parteciparono tante persone, troppe per quello che è di solito l'estremo saluto a un barbone, e suonò la banda del paese.

Sul caso Lipari intervenne anche l'allora procuratore di Marsala, Paolo Borsellino: nel 1948 un certo Tommaso Lipari era stato rilasciato dalla galera (dov'era finito per un piccolo reato), ed era così possibile confrontare la sua firma con quella del barbone. Borsellino riscontrò tra loro una tale somiglianza che si sentì di concludere che appartenessero alla stessa persona, escludendo quindi un'"ipotesi Majorana". Secondo altri invece è estremamente improbabile che una persona della razionalità, della cultura e dello spessore di Maiorana, nonché della sua estrazione sociale familiare, possa aver scelto deliberatamente di vivere da indigente; inoltre non è affatto infrequente trovare persone colte cadute in disgrazia per vicissitudini varie nella vita e finite a fare il clochard.

14 Una nuova ipotesi: il ritorno a Roma

Un testimone, rimasto però anonimo, ha riferito di aver incontrato all'inizio degli anni '80 a Roma un clochard che diceva di avere la soluzione dell'Ultimo teorema di Fermat, enigma che ha impegnato per secoli, dal XVII secolo, i più grandi matematici, e che all'epoca risultava ancora irrisolto. Il testimone riferisce che: "Majorana stava in piazza della Pilotta, sugli scalini dell'Università Gregoriana, a due passi da Fontana di Trevi. Aveva un'età apparente di oltre 70 anni. A quel punto gli dissi di farsi trovare la sera seguente perché volevo farlo incontrare con Di Liegro". L'incontro con monsignor Luigi Di Liegro, fondatore della Caritas romana, avvenne la sera successiva. Fu lo stesso Di Liegro a rivelare al testimone la reale identità del clochard. Il racconto del testimone anonimo prosegue con il Di Liegro che provvede a riportare il Majorana in un convento dove lui era ospite e da dove si era allontanato.

Sempre il testimone ha raccontato di aver parlato col sacerdote della necessità di mettersi in contatto con la famiglia del Majorana, ma egli non ne volle mai sapere, chiedendo anzi al testimone di tacere per almeno 15 anni dopo la sua morte, avvenuta il 12 ottobre 1997. L'intera faccenda potrebbe però anche essere inquadrabile come caso di equivoco o mitomania da parte di un barbone.

15 Considerazioni ultime

Tirando le somme, quanto al destino ultimo, come qualcuno ha ironicamente sottolineato, le modalità della scomparsa di Majorana assomigliano molto o sono in perfetto accordo con le "bizzarrie" dei suoi studi sulla meccanica quantistica nell'interpretazione classica derivante dal famoso paradosso del gatto di Schrödinger, dove non v'è certezza assoluta e si lascia spazio a tutte le possibilità o eventualità altrettanto valide o plausibili ovvero con medesime probabilità, lasciando così il caso perfettamente insoluto.

Subito dopo aver appreso della sua scomparsa Enrico Fermi, che lo aveva paragonato per capacità a Galilei o Newton, dirà di lui:

« Con la sua intelligenza, una volta che avesse deciso di scomparire o di far scomparire il suo cadavere, Majorana ci sarebbe certo riuscito. Majorana aveva quello che nessun altro al mondo ha; sfortunatamente gli mancava quel che invece è comune trovare negli altri uomini, il semplice buon senso" »

Edoardo Amaldi scrisse nel suo Ricordo:

« Aveva saputo trovare in modo mirabile una risposta ad alcuni quesiti della natura, ma aveva cercato invano una giustificazione alla vita, alla sua vita, che era per lui di gran lunga più ricca di promesse di quanto non lo sia per la stragrande maggioranza degli uomini »

Da ultimo più volte sull'intera vicenda si sono espressi i discendenti della famiglia con un'opinione fortemente critica (giudicando ad es. incompatibili le foto del Sig.Bini in Venezuela con quelle di Majorana), stanchi delle continue e inutili speculazioni sul caso, ritenute semplici bufale giornalistiche, invitando anche a lasciar stare definitivamente una vicenda, divenuta ormai nei decenni oscura e insolubile e verosimilmente anche dai connotati strettamente personali.

Per i suoi tratti di personalità simil schizoidi e allo stesso tempo eccentrici è stato definito da alcuni come il Kafka o il Rimbaud della fisica, mentre alcuni storici della fisica lo collocano a metà tra Einstein e Newton.

16 I contributi di Majorana alla fisica

Gli studi scientifici di Majorana (in tutto 10 articoli pubblicati) diedero un contributo fondamentale allo sviluppo della fisica moderna e affrontano in modo originale molte questioni, ponendo, secondo la comunità di fisici internazionale, notevoli spunti di riflessione su future scoperte del secondo dopoguerra: nella sua prima fase pubblicò i suoi studi riguardanti problemi di spettroscopia atomica, la teoria del legame chimico (dove dimostrò la sua conoscenza approfondita del meccanismo di scambio degli elettroni di valenza), il calcolo della probabilità di ribaltamento dello spin (spin-flip) degli atomi di un raggio di vapore polarizzato quando questo si muove in un campo magnetico rapidamente variabile; inoltre si dedicò intensamente alla meccanica quantistica, all'interno della quale lavorò su numerose formule scientifiche dando anche una teoria relativistica sulle particelle ipotetiche.

Il maggior contributo scientifico di Ettore Majorana è tuttavia rappresentato dalla seconda fase della sua produzione che comprende tre lavori: la ricerca sulle forze nucleari oggi dette alla Majorana (per primo avanzò infatti l'ipotesi secondo la quale protoni e neutroni, unici componenti del nucleo atomico, interagiscono mutuamente grazie a forze di scambio, ma la teoria è tuttavia nota con il nome del fisico tedesco Werner Heisenberg (teoria di Heisenberg), che giunse autonomamente agli stessi risultati, dandoli alle stampe prima di Majorana), la ricerca sulle particelle di momento intrinseco arbitrario e la ricerca sulla teoria simmetrica dell'elettrone e del positrone. Famosa è anche l'equazione di Majorana. È ricordato dalla comunità scientifica internazionale per avere dedotto l'equazione a infinite componenti che formano la base teorica dei Sistemi quantistici aperti (computazione quantistica e teletrasporto). È, infine, insolito ricordarlo per avere introdotto la probabilità che da una determinata coppia nasca un figlio maschio.

Il 12 aprile 2012 la rivista Science ha pubblicato uno studio che conferma l'esistenza dei fermioni da lui teorizzati nel 1938, che hanno la caratteristica di coincidere con la controparte di antimateria.

L'esperimento GERDA

Acronimo di GERmanium Detector Array. Si tratta di un esperimento per verificare che i neutrini abbiano massa come teorizzato da Ettore Majorana in contrasto con Paul Dirac (il quale sosteneva che i neutrini siano privi di massa).

Esistono diverse categorie di scienziati nel mondo; quelli di secondo o terzo grado fanno del loro meglio ma non arrivano mai molto lontano. Poi c'è il primo grado, quelli che fanno importanti scoperte, fondamentali per il progresso scientifico. Ma poi ci sono i geni, come Galilei e Newton . Majorana era uno di questi.

-? (Enrico Fermi su Majorana, Roma 1938)

Primi documenti accademici pubblicati

Il suo primo lavoro, pubblicato nel 1928, fu scritto quando era studente universitario e fu co-autore di Giovanni Gentile, giovane professore all'Istituto di fisica di Roma. Questo lavoro è stato una prima applicazione quantitativa alla spettroscopia atomica del modello statistico di struttura atomica di Fermi (ora noto come il modello di Thomas-Fermi , a causa della sua descrizione contemporanea di Llewellyn Thomas).

In questo articolo, Majorana e Gentile hanno eseguito i calcoli dei primi principi nel contesto di questo modello che ha fornito un buon resoconto delle energie del nucleo degli elettroni osservate sperimentalmente di gadolinio e uranio e della divisione sottile delle linee di cesio osservate negli spettri ottici. Nel 1931, Majorana ha pubblicato il primo articolo sul fenomeno autoionizzazione in spettri atomici, indicato da lui come "ionizzazione spontanea"; un articolo indipendente dello stesso anno, pubblicato da Allen Shenstone della Princeton University , designava il fenomeno "auto-ionizzazione", un nome usato per la prima volta da

Pierre Auger. Da allora questo nome è diventato convenzionale, senza il trattino.

Majorana ha conseguito la laurea in fisica all'Università di Roma La Sapienza nel 1929.

Nel 1932 pubblicò un articolo nel campo della spettroscopia atomica riguardante il comportamento degli atomi allineati nei campi magnetici variabili nel tempo. Questo problema, studiato anche da I.I. Rabi e da altri, portò a un importante ramo secondario della fisica atomica, quello della spettroscopia a radiofrequenza. Nello stesso anno, Majorana pubblicò il suo articolo su una teoria relativistica delle particelle con momento intrinseco arbitrario, in cui sviluppò e applicò rappresentazioni dimensionali infinite del gruppo di Lorentz , e diede una base teorica per lo spettro di massa delle particelle elementari. Come la maggior parte delle carte di Majorana in Italia, languiva in relativa oscurità per diversi decenni.

Esperimenti del 1932 di Irène Joliot-Curie e Frédéric Joliot mostrarono l'esistenza di una particella sconosciuta che suggerirono essere un raggio gamma . Majorana fu il primo a interpretare correttamente l'esperimento come richiesto, di una nuova particella che avesse una carica neutra e una massa circa uguale al protone ; questa particella è il neutrone . Fermi gli disse di scrivere un articolo, ma Majorana non se ne preoccupò. James Chadwick provò l'esistenza del neutrone sperimentando più tardivamente in quell'anno, e gli fu assegnato il premio Nobel per questa scoperta.

La soluzione dell'equazione di Majorana produce particelle che sono le loro anti-particelle, ora chiamate Fermioni Majorana. Nell'aprile 2012, alcune delle previsioni di Majorana potrebbero essere state confermate in esperimenti su dispositivi ibridi a semiconduttore-cavo superconduttore. Questi esperimenti possono potenzialmente portare a una migliore comprensione della meccanica quantistica e possono aiutare a costruire un computer quantico . Si è anche ipotizzato che almeno una parte della "massa mancante" nell'universo, che non può essere rilevata se non per inferenza delle sue influenze gravitazionali, possa essere composta da particelle di Majorana .

Majorana era noto per non aver cercato credito delle sue scoperte, considerando che il suo lavoro era banale. Ha scritto solo nove documenti nel corso della sua vita.

Lavora con Heisenberg, malattia, isolamento
"Su sollecitazione di Fermi, Majorana lasciò l'Italia all'inizio del 1933 con una borsa del Consiglio Nazionale delle Ricerche , a Lipsia , in Germania, incontrò Werner Heisenberg e scrisse alcune lettere successivamente a Heisenberg, Majorana rivelò di aver trovato in lui, non solo un collega scientifico, ma un caloroso amico personale. " I nazisti nel frattempo salirono al potere in Germania quando arrivò Majorana. Lavorò su una teoria del nucleo (pubblicata

in tedesco nel 1933) che, nel suo trattamento delle forze di scambio, ha rappresentato un ulteriore sviluppo della teoria del nucleo di Heisenberg .

Anche Majorana si è recato a Copenaghen , dove ha lavorato con Niels Bohr , un altro premio Nobel e un amico e mentore di Heisenberg.

"Nell'autunno del 1933, Majorana tornò a Roma in cattive condizioni di salute, avendo sviluppato una gastrite acuta in Germania e apparentemente soffrendo per l'esaurimento nervoso." Seguì una dieta rigorosa, divenne solitario e divenne duro nei rapporti con la sua famiglia, con la quale aveva in precedenza condiviso una relazione affettuosa, scrisse dalla Germania che non l'avrebbe accompagnata nelle loro solite vacanze estive al mare. Appare meno frequentemente all'istituto, ben presto smette di uscire dalla sua casa, il giovane fisico promettente era diventato un eremita e per quasi quattro anni si è separato dagli amici e ha smesso di pubblicare ".

Durante questi anni, in cui pubblicò alcuni articoli, Majorana scrisse molte piccole opere sulla geofisica , ingegneria elettrica , matematica e relatività . Questi documenti inediti, conservati nella Domus Galileiana di Pisa , sono stati recentemente editati da Erasmo Recami e Salvatore Esposito.

È diventato un pieno professore di fisica teorica presso l' Università di Napoli nel 1937, senza bisogno di sostenere un esame a causa della sua "alta fama di singolare perizia raggiunta nel campo della fisica teorica", indipendentemente dalle regole di concorrenza.

L'ultimo articolo pubblicato da Majorana, nel 1937, questa volta in italiano, era un'elaborazione di una teoria simmetrica di elettroni e positroni .

Nel 1937, Majorana predisse che nella classe delle particelle conosciute come fermioni dovrebbero esserci particelle che sono le loro antiparticelle. L'ipotetico fermione di Majorana si è dimostrato vero negli esperimenti pubblicati a luglio 2017 su Science . Qing Lin He et al. ha costruito una eterostruttura bidimensionale in cui si prevede che una modalità unidimensionale di Majorana scorrerà lungo il bordo del campione. L'eterostruttura era costituita da una barra di isolatore Hall quantomeno quantistico (QAHI), contattata da un superconduttore . Una firma di questa propagazione - conduttanza semi-quantizzata (di un fermione "chirale") - fu poi osservata.

Lavoro sulle masse di neutrini
Majorana ha fatto un lavoro teorico preveggente sulle masse di neutrini , un tema di ricerca attualmente attivo. Ha anche lavorato sull'idea che la massa possa esercitare un piccolo effetto schermante sulle onde gravitazionali , che non ha guadagnato molta adesione.

17 CHI ERA ETTORE MAJORANA?

La fine del grande scienziato che lavorò con Enrico Fermi e "i ragazzi di via Panisperna" alle prime ricerche sull'atomo torna di attualità. Misteriosamente scomparso nel 1938, secondo la Procura di Roma era vivo e vegeto in Venezuela dal 1955 al 1959. Ma chi era Majorana? E che cosa sappiamo della sua scomparsa?

Chi l'ha visto? Era questo il titolo di una rubrica della Domenica del Corriere sulle cui colonne, il 17 luglio 1938, apparve il seguente annuncio:

"Ettore Majorana, ordinario di Fisica all'Università di Napoli, è misteriosamente scomparso. Di anni 31, metri 1,70, snello, capelli neri, occhi scuri, una lunga cicatrice sul dorso di una mano. Chi ne sapesse qualcosa è pregato di scrivere".

Le ultime notizie sul giovane scienziato erano datate 26 marzo, quando da un hotel di Palermo aveva annunciato a un suo collega l'intenzione di imbarcarsi sul primo traghetto per Napoli. Poi non se ne seppe più nulla, e sulle varie congetture che seguirono gravò costantemente l'incertezza dell'avverbio "forse": forse Majorana si suicidò gettandosi in mare; forse fu assassinato; forse scese dalla nave (o non vi mise affatto piede) e si ritirò in un convento; forse rimase in Sicilia, sua terra d'origine; forse si rifugiò in Sud America... «O forse in Germania, dove condusse studi top secret sull'energia nucleare al soldo dei nazisti» aggiunge Federico Di Trocchio, docente di Storia della scienza all'Università La Sapienza di Roma e autore di varie pubblicazioni sul caso Majorana.

L'ultimo tassello di questa misteriosa vicenda è di questi giorni. Majorana fuggì segretamente in Sud America. Lo afferma la Procura di Roma che dal 2008 sta indagando sulla vicenda. La tesi dei giudici si basa sull'analisi di una foto scattata in Venezuela nel 1955, in cui appare un signore, conosciuto con il cognome Bini. L'uomo ritratto risulta compatibile con i tratti somatici del fisico catanese.

Dove sta la verità? Per tentare di capirne di più proviamo a ricostruire lo svolgersi degli eventi cominciando dal primo elemento di ogni indagine: il profilo della vittima. O meglio, dello "scomparso".

CHI ERA ETTORE MAJORANA. La biografia di Majorana è sintetizzata in una manciata di parole scritte da lui stesso nel 1932: "Sono nato a Catania il 5 agosto 1906 [...] e nel 1929 mi sono laureato in Fisica teorica sotto la direzione di Enrico Fermi. Ho frequentato [...] l'Istituto di Fisica attendendo a ricerche di varia indole". Per la cronaca, l'istituto di cui si parla era in via Panisperna, a Roma, e si occupava di sperimentazione nucleare. Figlio di un ingegnere e nipote dell'insigne fisico Quirino Majorana, fin da bambino Ettore brillò per le sue doti di matematico, che nella capitale mise al sevizio di un ensemble di giovani fisici coordinati dal docente Enrico Fermi e passati alla storia come "i ragazzi di via Panisperna". Tra loro, Ettore si distingueva per il carattere riservato e la genialità.

La sua abilità nel calcolo era ammirata da tutti, ma ogni volta che i suoi studi sfioravano l'impresa scientifica, si rifiutava di pubblicarli e in alcuni casi arrivò persino a stracciare gli appunti di lavoro. "Aveva l'aria di chi in una serata tra amici si improvvisa giocoliere, prestigiatore, ma se ne ritrae appena scoppia l'applauso. [...] Non uno di coloro che lo conobbero lo ricorda altrimenti che strano. E lo era veramente" scriverà il romanziere siciliano Leonardo Sciascia ne La scomparsa di Majorana (1975).

All'inizio del 1933 lo "strano" Ettore partì per un viaggio di studi nella Germania nazista, a Lipsia, dove lavorò con entusiasmo con il grande fisico teorico Werner Heisenberg. Ma quando, ai primi di agosto, tornò a Roma mostrò ulteriori sintomi di stramberia. "Per quattro anni raramente esce di casa e ancor più raramente si fa vedere all'istituto" riassume Sciascia. La sentenza dei medici fu esplicita: "Esaurimento nervoso". In tale contesto, nel 1937 gli venne assegnata per "chiara fama" una cattedra all'Università di Napoli.

SUICIDA... «Giunto nella città partenopea, Ettore strinse subito amicizia con il collega Antonio Carrelli, ma in generale condusse anche qui una vita appartata» riferisce Di Trocchio. Poi, il 25 marzo 1938, si imbarcò per Palermo in cerca di riposo nella sua Sicilia e, prima di partire, scrisse al Carrelli una missiva che recitava: "Ho preso una decisione […] mi rendo conto delle noie che la mia improvvisa scomparsa potrà procurare […] ti prego di perdonarmi". Indirizzò quindi un messaggio dello stesso tenore ai suoi famigliari: "Ho un solo desiderio: che non vi vestiate di nero […] perdonatemi". Le intenzioni suicide parevano però essere svanite quando – giunto a Palermo – inviò un telegramma al solito Carrelli in cui diceva di non preoccuparsi per la lettera precedente.

Il giorno dopo scrisse la sua ultima missiva: "Caro Carrelli, spero che ti siano arrivati insieme il telegramma e la lettera. Il mare mi ha rifiutato e ritornerò. Ho però intenzione di rinunziare all'insegnamento". Questi documenti, che saranno rinvenuti e pubblicati nel 1972 da Erasmo Recami, fisico e biografo di Majorana, furono gli ultimi "segnali" inviati dallo scienziato. Che all'improvviso svanì.

Le ricerche, patrocinate nientemeno che da Mussolini, fecero i conti con la scarsità di elementi in mano agli inquirenti, tra cui spiccava un biglietto navale intestato a Majorana in cui era stranamente registrato, oltre al suo imbarco sul traghetto di ritorno, anche lo sbarco. Non fece chiarezza la testimonianza di un altro passeggero, Vittorio Strazzeri, che forse aveva visto Majorana sul ponte della nave all'alba del 27 marzo. «La tesi del suicidio in mare iniziò così a complicarsi, ma la cosa più strana era che, prima di sparire, Majorana aveva prelevato una grande somma di denaro (cinque stipendi arretrati) e fatto sparire il passaporto» osserva Di Trocchio. Le ricognizioni in mare non diedero alcun esito, e iniziò a farsi strada l'ipotesi di un Majorana "in fuga" dalla società. Vivo, ma nascosto chissà dove. E chissà perché.

...O FUGGIASCO? Nel 1934 i ragazzi di via Panisperna avevano "bombardato" alcuni nuclei di uranio con dei neutroni, convincendosi alla fine dell'esperimento di aver creato nuovi elementi chimici. In realtà avevano praticato per la prima volta la "fissione nucleare" (primo passo verso la bomba atomica) e, secondo alcuni, il giovane talento, intuendone le possibili ricadute militari, si sentì talmente turbato da voler sparire dalla circolazione. «Così come non è da escludere che sia uscito di scena per la sua asocialità; alcuni hanno persino ipotizzato che sia stato ucciso con il placet dei servizi segreti Usa per impedirgli di svolgere ricerche per conto del fascismo o del nazismo» aggiunge Di Trocchio.

Nel caso fosse invece fuggito per cambiare vita, dove si sarebbe nascosto? Una prima ipotesi voleva il fisico al chiuso in un monastero, e ad alimentare la pista fu la risposta di un gesuita partenopeo alla rubrica della Domenica del Corriere. Questi rivelò di aver ricevuto da Majorana, tra fine marzo e inizio aprile, una richiesta di ospitalità. A seguire arrivarono segnalazioni di una sua presenza in conventi campani, fino a che subentrò una nuova ipotesi. Questa, in voga negli anni Settanta, faceva riferimento a un Majorana vagabondo in Sicilia, nei pressi di Mazara del Vallo (Trapani). Qui viveva un clochard, tale Tommaso Lipari, di cui si diceva avesse gran talento nei calcoli matematici nonché una cicatrice sulla mano destra (come lo scomparso) e un bastone da passeggio con incisa la data di nascita dello scienziato etneo. Tale romanzesca ipotesi fu però smontata negli Anni '80 da Paolo Borsellino (allora procuratore di Marsala) attraverso una perizia calligrafica con cui si appurò che il Lipari era in realtà un ex galeotto.

IMMIGRATO. «Una terza ipotesi sostenne che il fisico fosse riparato in Argentina, e ad attestarlo erano le segnalazioni di un suo passaggio a Buenos Aires tra gli Anni '60 e '70» racconta Di Trocchio. Al riguardo, l'8 ottobre 1978 il periodico Oggi pubblicò un articolo in cui chiamava in causa il professor Carlos Rivera, fisico cileno che giurava di aver conosciuto, proprio a Buenos Aires, vari amici di Majorana. Nel 1974, a Taormina, la signora Blanca de Mora, moglie di uno scrittore guatemalteco, aveva stupito i suoi conoscenti italiani confidando disinvolta: "Ettore Majorana? A Buenos Aires lo conoscevamo in tanti". L'ipotesi è suffragata anche da Recami, che sulla vicenda ha scritto il libro Il caso Majorana. Epistolario, documenti, testimonianze (Di Renzo): «Io stesso trovai numerose conferme alle frasi di Rivera e di Blanca de Mora, e da altre ricerche emerse l'ipotesi che negli Anni '50

Majorana potesse essere a Santa Fe oppure a Rosario, comunque non lontano da Buenos Aires».

SCATTO RIVELATORE? «La pista argentina guadagna ulteriore credibilità se messa in relazione con una quarta ipotesi» prosegue Di Trocchio «secondo la quale Majorana andò in Germania (consenziente o obbligato) per servire il Terzo Reich, emigrando a Buenos Aires dopo il crollo nazista». Tale ricostruzione è emersa dallo studio di una foto del 1950 in cui è ritratto il criminale nazista Adolf Eichmann (organizzatore del trasporto degli ebrei nei campi di concentramento) sul ponte di un battello diretto in Argentina. La cosa interessante è che al suo fianco c'è un passeggero che assomiglia proprio a Majorana. Per risolvere il mistero Giorgio Dragoni, docente di Storia della fisica all'Università di Bologna, ha di recente commissionato un'analisi della foto al computer. «Le elaborazioni, ottenute confrontando l'immagine con un ritratto dello scienziato, rivelano un'evidente corrispondenza tra le proporzioni del viso e del corpo: dalla forma della bocca alla statura, dai capelli alla fronte, anche se purtroppo non è possibile comparare gli occhi, poiché l'uomo sulla nave indossa occhiali scuri» sostiene Di Trocchio. «Vi è un altro elemento da sottolineare: il battello su cui venne scattata la foto (l'Anna C.) fu notoriamente usato per il trasporto di ex nazisti e altri personaggi ambigui in Sud America. Inoltre non sono mancati rumors su un piano dell'intelligence italiana – che nel '37 rapì e condusse in Germania un altro scienziato, l'ingegnere Gaetano

Fuardo – al fine di inviare Majorana in terra tedesca inscenando un finto suicidio. I dubbi però restano, anche perché non si hanno altre prove di una sua permanenza in Germania». Chi invece tende a escludere che l'uomo della foto fosse proprio Majorana è Recami: «Nonostante le dicerie, non risulta che il giovane fisico avesse simpatie per il nazismo».

LA SOLUZIONE DELLA PROCURA DI ROMA. Resta il fatto che dopo l'intervista fatta dal programma di Rai Tre Chi l'ha visto? a un immigrato italiano in Sudamerica, Francesco Fasani, che sostiene di aver conosciuto un cinquantenne di nome Bini somigliante a Majorana, nel 2008 la Procura di Roma ha riaperto il caso. Dopo 7 anni di indagini il caso è stato chiuso: Majorana non si suicidò, ma fuggì in Venezuela dove visse almeno fino al 1959.

Nel corso delle audizioni, si legge nel provvedimento di archiviazione, Fasani «ebbe a descrivere Bini-Maiorana come un uomo di mezza età, con cui non entrò mai in intimità stante una esasperata riservatezza».

Sono due i punti chiave della tesi dei giudici. Il primo è una foto scattata il 12 giugno 1955 a Valencia, in Venezuela, che è stata esaminata dai Ris dei Carabinieri per la comparazione dei dati fisiognomici di Bini-Maiorana con quelli appartenenti al suo nucleo familiare e, in particolare, con l'immagine del padre dello scienziato, Fabio Maiorana, quando aveva la stessa età del figlio (cioè 50 anni).

Secondo il giudice, «i risultati ottenuti dalla comparazione hanno portato alla perfetta sovrapponibilità delle immagini di Fabio Majorana e di Bini-Majorana, addirittura nei singoli particolari anatomici quali la fronte, il naso, gli zigomi, il mento e le orecchie, queste ultime anche nella inclinazione rispetto al cranio».

Il secondo dettaglio decisivo ai fini delle indagini è una cartolina, risalente al 1920, ritrovata nell'auto di Bini/Majorana. Si tratta di una missiva che Quirino Majorana, zio di Ettore ed altro fisico di fama mondiale, scrisse al fisico americano W. G. Conklin sull'andamento delle esperienze di laboratorio volte alla individuazione della natura della forza di gravità. Un fatto, per i giudici, che conferma la «vera identità di costui come Ettore Majorana, stante il rapporto di parentela con Quirino, la medesima attività di docenti di fisica e il frequente rapporto epistolare già intrattenuto tra gli stessi, avente spesso contenuto scientifico».

COME MATTIA PASCAL? Quanto invece ai motivi della eventuale fuga (sensi di colpa a parte), molti hanno messo in risalto la passione del fisico per Pirandello, in particolare per il romanzo Il fu Mattia Pascal. In tale opera il protagonista si crea una nuova identità dopo esser stato creduto morto, salvo alla fine inscenare il suicidio del proprio "doppio" per tornare se stesso. Ebbene, secondo alcuni Majorana avrebbe deciso di emulare il suo eroe, modificando il finale della storia. In proposito, è attribuita a Fermi una riflessione: "Una volta che avesse deciso di scomparire o di far scomparire il suo cadavere, Majorana ci sarebbe di certo riuscito". In ogni caso, assassinato, fuggiasco o suicida che fosse, quel geniale e taciturno ragazzo siciliano rimase coerente fino all'ultimo, sparendo in assoluto silenzio.

A sinistra Ettore Majorana, il fisico catanese nato nel 1906 e sparito nel nulla la sera del 27 marzo del 1938.

A destra la sua presunta immagine nel 1955.

Per la Procura di Roma è la prova che lo scienziato non si suicidò, non venne assassinato ma fuggì in Venezuela dove visse felice, contento e nascosto.

*

I giovani colleghi di Majorana che lavoravano con Enrico Fermi (a destra) all'Istituto di fisica di via Panisperna a Roma.

Da sinistra:

D'Agostino, Segrè, Amaldi e Rasetti.

*

La foto del 1950 che ritrae il criminale nazista
Eichmann, con un uomo che, secondo alcuni, è
Majorana.

18 ETTORE MAJORANA, LA SUA SCOMPARSA E LA MACCHINA PRODIGIOSA

Ettore Majorana è stato un genio al pari di Nikola Tesla e superiore a Galileo e Newton. La sua misteriosa scomparsa nel 1938 si è recentemente arricchita di nuovi, sorprendenti sviluppi con l'apparizione di un suo presunto "allievo" e di una straordinaria tecnologia basata sulle sue rivoluzionarie teorie.

"La fisica è su una strada sbagliata. Siamo tutti su una strada sbagliata."

Questa frase viene attribuita ad Ettore Majorana poco prima della sua scomparsa nel 1938 e ci viene riportata come testimonianza dal prof. Carrelli, allora direttore dell'Università Federico II di Napoli, ma non è l'unica frase "strana": sappiamo infatti, sempre grazie alla testimonianza del prof. Carrelli, che Ettore Majorana aveva anche detto:

"Che può sapere la gente delle mie cose?"

"A chi posso parlare se il mio linguaggio è tale che nessuno lo comprende?"

A volte, quando mi trovo al bar mentre prendo un caffè o bevo una birra, chiedo se qualcuno ha sentito parlare di Ettore Majorana. Le risposte che ottengo sono quasi sempre molto vaghe, qualcuno ricorda che forse era uno scienziato importante sparito misteriosamente nell'epoca fascista. Ho potuto così constatare che quasi nessuno segue e approfondisce ciò che in questi ultimi anni, a distanza di quasi ottant'anni, sta uscendo allo scoperto in merito alla scomparsa di Ettore Majorana.

Intrighi internazionali, complotti, depistaggi, spionaggio, Vaticano, CIA, NSA, Governo Italiano, Massoneria, Fascismo, Nazismo, NazionalSocialismo... queste sono solo una piccola parte (come titoli) delle chiavi di lettura di questa incredibile e affascinante storia.
Pochi sanno che la probabile futura rivoluzione nel campo delle telecomunicazioni e nell'elaborazione e archiviazione dati sarà possibile grazie alle formule di fisica quantistica elaborate e scritte da Ettore Majorana circa ottanta anni fa. Le sconfinate ipotesi di applicazioni quantistiche derivanti dalle sue previsioni sono ancora oggi oggetto di studio, sperimentazione e applicazione.
Ettore Majorana è stato, nei pochi anni prima della sua scomparsa, un genio al pari se non superiore a Nikola Tesla, Galileo, Newton. Fin dalla tenera età ha dimostrato di possedere predisposizioni geniali per la

matematica e la fisica. Figlio e nipote "d'arte", da una famiglia composta di rettori universitari, ingegneri, fisici, matematici, deputati e senatori, giudici. Tutti questi familiari, come vedremo più avanti, hanno probabilmente segnato e in qualche modo forgiato il suo sviluppo scientifico, culturale e filosofico. Uno su tutti, lo zio Quirino Majorana, come diremo più avanti. Per tornare alla scomparsa di Ettore Majorana, nel 2008 la trasmissione "Chi l'ha visto?" della Rai ha intervistato un italiano emigrato in Venezuela a metà degli anni cinquanta del secolo scorso, Francesco Fasani. Costui aveva conosciuto un certo signor Bini che, a suo dire, era Ettore Majorana, e a sostegno della sua testimonianza portava una fotografia scattata nel 1955 che lo ritraeva a fianco del Bini (questo sarebbe l'alter ego che avrebbe scelto Ettore Majorana) e una cartolina rinvenuta sulla macchina del Bini che Quirino Majorana, lo zio di Ettore, spedì nel 1920 al fisico americano W. G. Conklin.

Nel 2011 la Procura di Roma, in seguito all'intervista, affidava ai carabinieri ulteriori verifiche e nel 2015 archiviava l'inchiesta dopo la comparazione tra la fotografia del Bini fornita dall'emigrante italiano e le immagini del padre di Ettore Majorana, concludendo che il Bini era Ettore Majorana e che lo stesso era vivo tra il 1955 e il 1959 e si trovava in Venezuela. Questa è stata la "verità" offerta dalla Procura di Roma. L'analisi degli incartamenti del caso permette però di affermare che si è su una pista sbagliata.
La foto periziata dai carabinieri su incarico della

Procura di Roma, tramite un'arzigogolata trasformazione, diventa una prova del fatto che Ettore Majorana era fuggito in Sud America. La perizia è stata eseguita prendendo una foto del padre anziano di Ettore Majorana e confrontandola con la foto del Bini consegnata dal Fasani.

Tramite un particolare software che simula l'invecchiamento del volto, partendo dalla foto del padre di Ettore Majorana, la procura di Roma conclude sostenendo che molto probabilmente il sig. Bini era Ettore Majorana.

A questo punto molte domande sorgono spontanee: ad esempio, perché utilizzare una foto del padre di Majorana sostenendo che la somiglianza tra padre e figlio trova corresponsione evidente con il sig. Bini, quando potevano con lo stesso software simulare l'invecchiamento facciale direttamente con una foto di Ettore Majorana da giovane? Le analisi forensi sui volti di solito viene fatta in tutt'altro modo, come vedremo più avanti.

Come mai gli investigatori della procura di Roma non hanno banalmente verificato l'altezza del sig. Bini, tramite la foto in cui lui è con il Fasani, e confrontata con l'altezza nota di Ettore Majorana?

Francesco Fasani era alto quasi un metro e ottanta, come si può riscontrare dalla testimonianza della nipote Lidia Fasani (sentita personalmente al telefono) e dai dati forse riportati nella carta d'identità del Fasani. Ettore Majorana era alto un metro e sessantotto, quindi ci sono ben 12 cm di differenza tra lui e il Fasani.

Dalla foto, diffusa dalla Procura di Roma, che raffigura Francesco Fasani e il sig. Bini presunto Ettore Majorana, questa differenza di altezza non è evidente, anzi, al contrario apparentemente sembrano alti uguali.

Ultimamente poi si è avvallata la tesi, da parte di tre giornalisti che hanno ripercorso le tracce indicate dalla Procura di Roma, che il signor Bini, presunto Ettore Majorana, si spostasse in Venezuela su una vistosa macchina gialla. Ettore Majorana all'epoca della sua sparizione nel 1938, non aveva la patente, per spostarsi usava mezzi pubblici, treni, traghetti, filobus; certamente nessuno può avergli vietato di prendere la patente in seguito, ma uno che ha deciso di sparire, di non farsi notare, di non farsi riconoscere, acquista ed utilizza una fuoriserie sportiva gialla?

Non quadra.

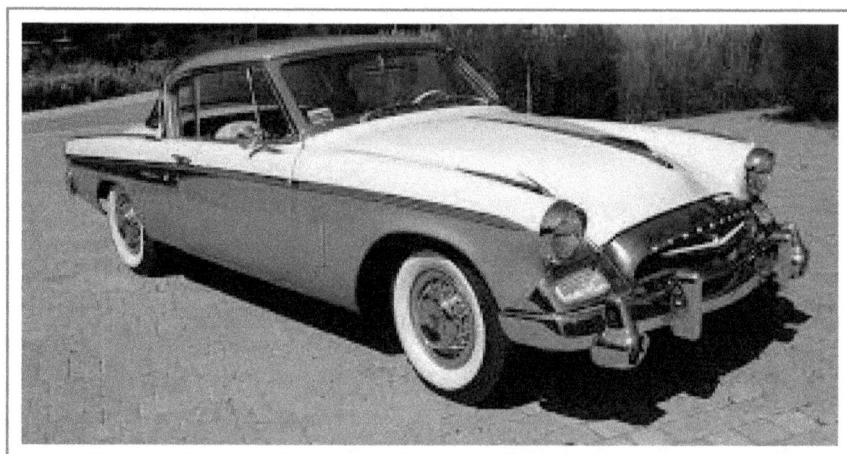

19 NUOVE LUCI SUL MISTERO MAJORANA

Parla Stefano Roncoroni, attento studioso della vicenda e pronipote del fisico siciliano sparito nel nulla il 27 marzo 1938: «È tempo di liberarci di ogni ipotesi di fantapolitica»

Verrà il giorno, e forse non è neppure così distante, in cui parlando di Ettore Majorana non si parlerà più di "mistero", ma di quel "pasticciaccio" intorno alla scomparsa del fisico siciliano. Di certo fino a oggi c'è soltanto la data della sparizione del trentunenne Majorana, avvenuta a Napoli il 27 marzo 1938. Per il resto si continua a brancolare nella stanza delle ombre, la più affollata nel Paese dei misteri e dei casi irrisolti. Centinaia di inchieste, tavole rotonde, trasmissioni televisive (siamo passati dal Chi l'ha visto? della "Domenica del Corriere" agli speciali dell'omonimo programma di Rai 3), pubblicazioni, saggi, docufilm e opere liriche (come quella di Como) non hanno mai sgombrato quella stanza dai tanti, troppi punti interrogativi. Chi invece sembra possedere una bussola logica con cui orientarsi nella fitta nebbia delle supposizioni, è il pronipote di Ettore Majorana, Stefano Roncoroni. Il settantasettenne autore e regista televisivo discende dai Majorana per via materna: «Mia nonna Elvira era la sorella del padre di Ettore. E il nonno, Oliviero Savini Nicci, assieme a mio padre Fausto ha preso parte attivamente alle ricerche per rintracciare Ettore». Il più grande "giallo" del Novecento sarebbe a un passo dalla soluzione, se solo si riuscisse ad abbattere le ultime pareti omertose.

Roncoroni sta provando da tempo a picconarle e l'ultimo tentativo è stato il saggio documentatissimo, in attesa di ristampa, Ettore Majorana lo scomparso e la decisione irrevocabile. Un titolo sibillino con quel "e la decisione irrevocabile". «Ma è ciò che è accaduto – sostiene fermamente Roncoroni –. Majorana aveva deciso di sparire e di non fare più ritorno in società. E questo lo so per aver studiato a fondo il "caso" ma soprattutto per le testimonianze raccolte, in oltre mezzo secolo, all'interno della mia famiglia e tra i parenti più o meno stretti. Mio nonno Oliviero ha ripetuto fino alla fine una frase che sa di sentenza: "La vicenda di Ettore non è finita in modo consono"». Ma per Roncoroni è tempo di liberare il campo da ogni congettura di tipo politico e da suggestioni di spionaggio internazionale. «Quando Majorana decide di sparire era il marzo del 1938 e non c'erano ancora le condizioni per collegare la sua scomparsa a questioni di ipotetiche "conoscenze atomiche" o di choccanti viaggi in Germania, nella Lipsia del suo stimatissimo Heisenberg... Né le sue posizioni ideologiche – qualora ne avesse – potevano arrecare disturbo al regime fascista». La situazione mondiale cambia rapidamente, sin dall'inizio della sua scomparsa con il precipitare degli eventi verso la guerra. I ragazzi di via Panisperna, a cominciare dal loro "leader scientifico" Enrico Fermi, vanno in America. E più volte a Chicago orecchie attente sentirono proferire a Fermi l'invocazione: «Qui ora ci vorrebbe Ettore per risolvere il problema...».

«Majorana era un genio assoluto e questo lo sapevano tutti nell'ambiente scientifico. E del genio aveva anche quella sindrome di Asperger [una forma di autismo, nota anche come disturbo pervasivo dello sviluppo, ndr] come denotano certi suoi atteggiamenti istintivi: tipo correggere pubblicamente i calcoli di Fermi... Comunque, nel periodo in cui Majorana si era reso introvabile – per motivi drammaticamente personali – le future nazioni belligeranti – Stati Uniti tra i primi – avevano cominciato una massiccia e selettiva cooptazione dei migliori scienziati atomici. Certamente qualcuno dei suoi vecchi compagni s è ricordato di Ettore Majorana e l'avranno chiamato, ma lui rimase fermo sulla sua decisione irrevocabile di non tornare mai più indietro».

Non avrebbe fatto neppure ritorno a casa, dai suoi a Roma, né all'Università di Napoli dove insegnava e aveva consegnato a una allieva le "ultime lezioni" prima di salutare e salpare per Palermo; e tanto meno avrebbe viaggiato oltreoceano per raggiungere Fermi. «Non lasciò mai l'Italia, al massimo arrivò a Merano», puntualizza Roncoroni. «Il fisico assoluto», come l'ha chiamato Etienne Klein, non era rimasto alla macchia né aveva raggiunto il Sudamerica sotto la nuova identità del "signor Bini", come si legge in La seconda vita di Majorana (Chiarelettere) di Giuseppe Borello, Lorenzo Giroffi e Andrea Sceresini. «Nessuna seconda vita in Venezuela. Ed è assolutamente da scartare la storia che piace tanto a chi ama cavalcare l'ipotesi fascinosa del Majorana depositario di "segreti atomici" che facevano gola tanto alla Germania nazista quanto agli americani. Le ragioni della sua decisione di scomparire sono semplicemente di carattere personale. Mentre invece le cause della sua morte, che avvenne prima del settembre 1939, vanno ricercate esclusivamente al di fuori della sua sfera privata. Tutto il contrario di quanto è stato fatto sinora». Roncoroni ha la certezza del decesso di Majorana assai prima di quel "dopo il 1959" vagheggiato da più fonti. «Tutti in famiglia sapevano della sua fine avvenuta nel '39 e che non è stata naturale ma violenta. Le prove? Forse è tempo che si indaghi la pista del "fuoco amico" piuttosto che appassionarsi a seducenti scenari di fantapolitica... Anche sulla omosessualità di Ettore Majorana non si può più tacere né negare le evidenze. Non ha mai avuto nessuno dei flirt che gli sono stati attribuiti con delle donne. E non è un caso che mio nonno Oliviero, quando si trattò di chiedere aiuto alle autorità investigative, non si rivolse al capo della polizia fascista Arturo Bocchini, bensì al suo vice Carmine Senise, le cui inclinazioni erano note anche al Duce il quale sapeva della convivenza con il compagno di vita, Leopoldo Zurlo, il capo della censura cinematografica e teatrale».

Stando alla meticolosa ricostruzione di Roncoroni, quando Majorana lascia Napoli e si imbarca per Palermo fa poi ritorno a Napoli e a quel punto approfitta dell'ospitalità del professor Antonio Carelli che gli offre la sua casa cilentana a Perdifumo (Salerno). «Qui, in questo paesino fuori dal mondo, per un mese soggiornarono anche i fratelli di Ettore, Luciano e Salvatore, con tanto di fattore arrivato da Monte Porzio Catone, e questi fecero di tutto per convincerlo a tornare a casa. Ma non ci riuscirono». Dei tentativi vani, Roncoroni seppe dal padre Fausto che in qualità di architetto responsabile dei restauri delle diocesi di Calabria fece un avventuroso viaggio in auto assieme a Salvatore Majorana. «Un giorno intero, tanto durava allora un viaggio da Roma fino a quei villaggi calabresi terremotati, a parlare con Salvatore che confidò a mio padre tutti i problemi che avevano con Ettore e probabilmente lo informò anche di come erano riusciti a nasconderlo per tutto quel tempo». La polizia fascista secondo Roncoroni «non poteva non averlo ritrovato. Chiuse semplicemente un occhio dinanzi a quella famiglia influente, che si poteva permettere una ricompensa di trentamila lire a chiunque avesse ritrovato Ettore, e archiviò il caso in fretta e furia». Lo scienziato, «il genio immaturo» come si autodefinì a ventun anni lo stesso Majorana, doveva essere rintracciato a ogni costo per volere di Benito Mussolini in persona e alla fine, secondo Roncoroni, così fu.

La sparizione rimase tale per Leonardo Sciascia e tutta la nutrita schiera che, oggi come allora, insistono sulla "misteriosa scomparsa di Majorana". «Si è sempre detto che Ettore poteva essersi ritirato in convento e forse per un periodo in Calabria soggiornò in quello dei certosini di Serra San Bruno, come è quasi certo che venne ricoverato nel sanatorio di Chiaravalle Centrale. Il gesuita padre Ettore Caselli, nella lettera del 22 settembre 1939, che è in mio possesso, parla di Ettore appellandolo come "il compianto ... il caro estinto". Sciascia sapeva, come tutti in seno alla mia famiglia, che Ettore era morto e che aveva avuto degna sepoltura. Quello che manca ancora all'appello è il "tesoretto": i suoi scritti scientifici e personali». Della scomparsa di Majorana di Sciascia, Pier Paolo Pasolini disse: «Non è un'indagine ma la contemplazione di una cosa che non si potrà mai chiarire». Ma invece, forse il mistero è a un passo dalla soluzione.

20 La lettera di Majorana scritta dopo la sua "morte"

Rolando Pelizza in diversi video mostra una lettera scritta da Ettore Majorana dopo la "presunta morte". La firma dello scienziato è stata fatta analizzare da un'esperta di grafologia che ha confermato l'originalità e l'autenticità dell'autore. Ecco il testo:

«Caro Rolando,
Ti ricordi il nostro primo incontro, avvenuto il 1° maggio 1958? Ne è passato di tempo. Oggi si può dire terminato il periodo delle mie lezioni. Ti promuovo a pieni voti, sia in fisica sia in matematica. Come ben sai, quanto hai appreso va molto oltre le attuali conoscenze; per tanto non misurarti con nessuno, perché potresti scoprirti. Anche se qualcuno conoscendoti, ti provocherà, tu ascolta e fingi di non capire; so bene che questo sarà molto difficile, ma credimi: se, dopo aver sentito quello che ti dirò, accetterai di realizzare la macchina, dovrai fare questo e molto di più. Ora sei sicuramente pronto per affrontare il compito di realizzare la macchina; conosci perfettamente ogni particolare, hai appreso dettagliatamente la formula necessaria per il funzionamento della stessa; ora ti consegno disegni e

dati per il montaggio. Solo una cosa ti chiedo: devi essere molto prudente. Disegni e dati non sono tanto importanti; la formula, invece, va ben custodita. Per nessun motivo deve cadere in mano di altre persone: sarebbe la fine, di sicuro».

Ettore Majorana, allievo di Fermi ed Heisenberg (famoso per il "principio di indeterminazione"), aveva scoperto i segreti della materia e sapeva i rischi che ne sarebbero conseguiti per l'umanità se usati per scopi sbagliati. Inoltre si dissociò dai ragazzi di via Panisperna che stavano mettendo le basi per la bomba atomica dato che furono proprio loro i primi a bombardare alcuni nuclei di uranio con dei neutroni, praticando per la prima volta la "fissione nucleare".

21 I video della macchina di Majorana

Sulla piattaforma di un forte in alta montagna, Rolando Pelizza nel 1976 con un esperimento videotrasmesso mostra ad alcuni conoscenti come sia capace di annichilire una roccia mediante una piccola macchina e afferma di utilizzare dell'antimateria.

Ne nascono esperimenti e laboriose trattative con dei Governi (U.S.A., Italia, Belgio e la stessa NATO) e l'interesse di questi per quell'invenzione che il nostro protagonista non vuole cedere temendo che possa essere utilizzata per fini bellici; da qui tutta una campagna di stampa di disinformazione e di depistaggio su di lui.

Nei molti esperimenti eseguiti, Pelizza ottiene non solo la possibilità di distruggere elementi con questa macchina, – il cui uso pacifico è la distruzione dei rifiuti e delle scorie radioattive – ma soprattutto di poter ottenere grandi quantità di energia praticamente a costo zero. Nei successivi esperimenti, Pelizza cerca piena conferma della terza fase indicatagli dal suo maestro: la trasformazione della materia.

22 Conferenze di Rino di Stefano sui misteri di Ettore Majorana

Di seguito sono presenti conferenze del giornalista Rino Di Stefano che introduce le enormi implicazioni politico-economiche, socio-culturali e scientifiche che la scoperta di Majorana potrebbe portare nel nostro mondo.

Quell'energia pulita tanto auspicata dal presidente Obama dopo il disastro ambientale del Golfo del Messico forse esiste già da un pezzo, ma qualcuno la tiene nascosta per inconfessabili interessi economici. Ma non solo. Negli anni Settanta, infatti, un gruppo di scienziati italiani ne avrebbe scoperto il segreto, ma questa nuova e stupefacente tecnologia, che di fatto cambierebbe l'economia mondiale archiviando per sempre i rischi del petrolio e del nucleare, sarebbe stata volutamente occultata nella cassaforte di una misteriosa fondazione religiosa con sede nel Liechtenstein, dove si troverebbe tuttora. Sembra davvero la trama di un giallo internazionale l'incredibile storia che si nasconde dietro quella che, senza alcun dubbio, si potrebbe definire la scoperta epocale per eccellenza, e cioè la produzione di energia pulita senza alcuna emissione di radiazioni dannose. In altre parole, la realizzazione di un macchinario in grado di dissolvere la materia, intendendo con questa definizione qualunque tipo di sostanza fisica, producendo solo ed esclusivamente calore.

Questo processo avverrebbe tramite l'emissione, da parte di questa straordinaria macchina, di un fascio concentrato di antimateria, che a suo tempo fu definito "raggio della morte" e che, di fatto, sarebbe all'origine dell'energia gratuita che ci tengono nascosta e di molte altre incredibili proprietà in grado di rivoluzionare molti aspetti delle nostre certezze scientifiche, ma anche spirituali. E sono proprio queste ulteriori proprietà, di natura realmente inimmaginabile, che ha portato a ribattezzare questo strabiliante strumento come "La Macchina di Dio". Il giornalista Rino Di Stefano, già ospite l'anno scorso del Centro Studi e Ricerche C.T.A. 102, da molti anni si sta occupando di questo affascinante argomento raccogliendo pazientemente e rigorosamente una quantità significativa di documenti e testimonianze dirette che ne attestano l'attendibilità. In procinto di pubblicare un volume in cui esporrà i risultati delle sue indagini su quello che indubbiamente è uno dei casi più misteriosi e controversi del panorama scientifico-politico degli ultimi cinquant'anni, Rino di Stefano ha già scritto diversi articoli su questo soggetto, due dei quali sull'edizione nazionale de Il Giornale, e ne ha anche parlato nell'ambito di alcune trasmissioni televisive in ambito Rai e Mediaset. All'origine della vicenda c'è un uomo, Rolando Pelizza, del quale la cronaca dei giornali ha dipinto un quadro a metà tra lo scienziato e l'avventuriero. Pelizza venne alla ribalta nel 1976 quando contattò il governo italiano dell'epoca, allora presieduto da Giulio Andreotti, per offrire una macchina che, a suo dire, annichilirebbe la materia, trasformandola in energia pura. Il governo affidò al professor Ezio Clementel, presidente del CNEN e docente di fisica presso l'Università di Bologna, il compito di verificare il funzionamento dello strumento. L'esperimento venne effettuato tra la fine di novembre e i primi di dicembre 1976, seguendo un protocollo di quattro prove, e fu positivo. Il professor Clementel presentò una relazione nella quale affermava che l'energia sprigionata andava ben oltre la tecnologia conosciuta. L'esperimento venne anche filmato e attualmente alcuni di questi video sono presenti anche in rete. A quel punto entrarono in ballo gli Stati Uniti, il governo italiano si tirò indietro e un oblio artificiale calò su Pelizza e la sua macchina.

23 LA MACCHINA

ROLANDO RENDE PUBBLICI I PROGETTI DELLA MACCHINA
Perchè questa pubblicazione

Mi chiamo Rolando Pelizza, ho 78 anni, e vorrei spiegare perchè ho dato l'autorizzazione a pubblicare su internet i progetti relativi alla costruzione della mia "macchina" in grado di intervenire sulla materia. Vorrei precisare che non ne sono l'inventore, bensì soltanto colui che la manovra. A ideare questo strumento che può annichilire, riscaldare e trasmutare la materia è stato invece lo scienziato Ettore Majorana, da me conosciuto casualmente in un convento nell'ormai lontano 1958. Ne divenni l'allievo e tramite lui venni a conoscenza delle regole di una nuova fisica in grado di cambiare il mondo, come lo abbiamo conosciuto fino ad oggi.
Majorana, tra l'altro, non usava calcolatrici o computer. Eseguiva infatti i suoi calcoli basandosi su formule contenute in un programma/codice di cui solo lui (e, in parte, anche io) era a conoscenza.
Fu dunque grazie ai suoi studi sulla materia che elaborò il progetto della macchina che cominciammo a costruire intorno agli anni Sessanta. In un primo tempo ci furono dei problemi operativi, dovuti alla sperimentazione pratica. Ben 228 macchine andarono distrutte durante la fase operativa, e solo nel 1972 fu

possibile arrivare al primo esperimento pienamente riuscito.

Questa macchina, della quale oggi pubblichiamo i disegni, è in grado di espellere particelle di antimateria, selettive, che, a contatto con analoga materia, si distruggono provocando l'emissione di grande energia. L'attuale macchina è rivestita da un cubo di alluminio di circa 55 cm per lato e il meccanismo della struttura è alimentato da una piccola batteria d'automobile che serve ad azionare il sistema interno. Quest'ultimo genera le antiparticelle che poi vengono espulse da un condotto, la cui estremità termina con un foro a quadrifoglio sul frontale della macchina. Dall'esterno, dunque, la macchina appare come un perfetto cubo, senza alcuna estremità. Le antiparticelle hanno una vita di 5 millesimi di secondo e fuoriescono per "motu proprio" alla velocità della luce, fino ad una distanza massima di circa 1500 Km.

Per essere più precisi, la macchina è in grado di gestire tutti gli elementi della tavola periodica di Mendeleev e può emettere antiparticelle per ogni singolo elemento, graduandone la distanza e le dimensioni, da un centimetro cubo fino ad un volume di 20 metri per lato, pari a 8000 metri cubi. L'emissione è controllabile anche nell'intensità, andando dal solo riscaldamento della materia colpita (rallentando il flusso delle particelle) fino al completo annichilimento della stessa. Ponendo quindi l'oggetto che si vuole annichilire o riscaldare ad una certa distanza dalla macchina, l'uscita delle antiparticelle si esaurirà nel rispetto dei comandi impartiti.

Vorrei ricordare che, per far funzionare la macchina, è necessario adottare la formulazione che io ho depositato affinchè venga consegnata al momento dell'esperimento, previa sottoscrizione ufficiale da parte degli interessati di un protocollo molto dettagliato che garantisca l'uso della macchina esclusivamente per usi civili.

Aggiungo che la macchina dal 2008 è coperta da brevetto.

Per quanto riguarda la parte storica, questa macchina venne testata ufficialmente per la prima volta nel 1976 con un protocollo elaborato dal professor Ezio Clementel, presidente del CNEN, su mandato del governo italiano. L'esperimento più significativo è quello che avvenne, sempre nel 1976, a Forte Baremone (BS) alla presenza di numerose persone, tra cui l'allora colonnello belga della NATO, Jacques Leclerq.

Successivamente, c'è stato l'interesse del governo americano, che mi aveva chiesto di abbattere un satellite geostazionario, e quindi del governo belga, i cui responsabili mi avevano proposto di distruggere un carro armato. Al mio netto rifiuto, motivato dal fatto che Ettore Majorana ed io non abbiamo mai voluto che la macchina fosse utilizzata per fini bellici, ho cominciato ad accusare i pesanti contraccolpi di quelli che possono essere definiti "poteri forti". Questa gente mi ha sottomesso al proprio volere, costringendomi per decine d'anni ad operare per loro conto ed esclusivamente nel loro unico interesse. Ora, arrivato alla soglia degli 80 anni, lascio questi disegni alla conoscenza del mondo scientifico perchè qualcuno dopo di me possa continuare l'opera che mi è stata impedita.

Voglia il cielo che persone di buona volontà raccolgano il mio testimone con la sola ed unica motivazione del bene dell'Umanità.

In fede,

Rolando Pelizza 01-03-2016

*

La Macchina

24 ROLANDO PELIZZA

Rolando Pelizza è nato nel 1938 a Chiari, una cittadina della Lombardia, da un'operosa famiglia benestante, commerciante in calzature. Le sue prime attività furono in quel settore, poi si dedicò ad altre iniziative economiche aprendo degli uffici a Roma e intessendo anche dei rapporti di affari in Europa, soprattutto in Spagna e in Svizzera.

Nel 1976 egli fu ingiustamente imprigionato con l'accusa di concorso in sequestro di persona, con la conseguenza di un tracollo economico per le sue società.

Rilasciato (e poi sarà assolto), nel giugno dello stesso anno sulla piattaforma di un forte in alta montagna, con un esperimento mostra ad alcuni conoscenti come sia capace di annichilire una roccia mediante una piccola macchina da lui costruita, affermando di usare l'antimateria.

Da qui altri esperimenti e laboriose trattative con dei Governi (U.SA., Italia, Belgio e la stessa NATO) e l'interesse di questi per l'invenzione.

Nei molti altri esperimenti eseguiti, egli ottiene non solo la possibilità di distruggere elementi con la sua macchina, ma soprattutto dimostra di ottenere grandi quantità di energia a costo zero.

Pelizza, pur di fronte a molte offerte economiche strabilianti, non vuole cedere quel suo ritrovato,temendo che possa essere utilizzata per fini bellici: e già allora c'è la bramosia di tanti interessati a mettere le mani su quel congegno e nel contempo tutta una campagna di disinformazione e depistaggio allo scopo di fare terra bruciata attorno a lui.

Proprio per questo ha avuto un mandato di cattura internazionale "per aver costruito un'arma senza regolare licenza" (!) –di fatto la sua macchina già da allora è vista non come strumento utile bensì come potenziale ed efficace arma distruttiva, il così detto "raggio della morte"-, per cui nel 1982 egli si rifugia all'estero ove vi rimane per quasi dodici anni.

Assolto e al suo rientro in Italia nel 1993 fino a oggi per quasi ulteriori venti anni, Pelizza pur tra mille difficoltà economiche per finanziarsi prosegue le sue costose ricerche .

Da tempo egli ha più volte affermato, e i suoi esperimenti documentati rimarrebbero inspiegabili se non fosse così, di aver conosciuto e frequentato –sia pure saltuariamente- il grande fisico Ettore Majorana in un convento e dello stesso essere stato il braccio operativo nel costruire e congegnare una macchina atta a ottenere la conferma sperimentale della teoria di fisica atomica elaborata dal grande fisico scomparso nel 1938.

Certo una tale macchina è in grado di modificare gli equilibri economici mondiali, e non solo quelli, e si possono ben capire le bramosie e gli intrighi che ha suscitato e come si sia impedito a Rolando Pelizza di poter fare anche in questi ultimi tempi una prova ufficiale sotto il controllo e la certificazione di persone qualificate.

Questo impedimento, fatto da pressioni psicologiche, di intimidazioni, di veri e propri ricatti e di molto altro ben più grave, rappresenta la continuazione del discredito iniziale scientemente sparso su di lui soprattutto attraverso la disinformazione mediatica concepita negli ambienti dei servizi segreti specializzati nella "organizzazione della disinformazione" e in tutte quelle altre azioni, compreso il ridurlo e tenerlo in condizione di estrema povertà, ossia con tutto ciò che in gergo tecnico viene definito "intossicazione dell'ambiente".

Pelizza, che ha sempre vissuto e operato nell'intento di utilizzare la macchina a vantaggio di tutti, non dispera però di raggiungere il suo obiettivo, poiché se in questi ultimi anni egli ha avuto contatti e rapporti interlocutori con varie personalità, con ricercatori, Enti, c'è che soprattutto ultimamente la Santa Sede si è mostrata particolarmente interessata per l'utilizzo pacifico di questa macchina a vantaggio delle popolazioni povere.

*

Rolando Pelizza

25 ALFREDO RAVELLI

Alfredo Ravelli, l'autore del libro, "Il Dito di Dio" è nato nel 1938 nella città di Chiari, in Lombardia. Egli è coetaneo e legato da un vincolo di parentela con Rolando Pelizza, anch'egli clarense, e dello stesso ne ha raccolto la sua testimonianza biografica. Oggi si potrebbe dire che per il Ravelli, pur nelle svariate vicissitudini della sua vita -oggi ha 76 anni- la vera sua passione, passione a cui ha dedicato tempo ed energie è stata il poter raccontare, basandosi su fatti, la vicenda di suo cugino.

Così egli già dagli anni '80 del secolo scorso ha cominciato a seguire le vicende del cugino, raccogliendo elementi e testimonianze, ora qui ora là, e questo nell'arco di oltre trent'anni, recandosi svariate volte all'estero (Svizzera, Germania, Spagna) nonché e per non dire in varie città dell'Italia: ne è nato questo libro che ora vede la luce, e viene proposto all'attento lettore nella speranza che finalmente esso possa contribuire a far luce sui tanti misteri in esso tratteggiati.

Per quanto poco possa interessare al lettore, che deve concentrarsi sul libro e non certo sull'autore dello stesso, siccome è uso dare alcune notizie biografiche sullo scrittore, eccole in un succinto tratteggiamento.

Nella sua gioventù fece per anni il corrispondente locale per il"Giornale di Brescia", in seguito ebbe altre esperienze giornalistiche più interessanti in una redazione di Bergamo sotto la guida del noto giornalista Mario Bertoli.

Il servizio militare lo svolse per la maggior parte, e allora erano 18 i mesi di "naia", a Roma presso il Ministero Difesa ed Esercito, come addetto alla recensione stampa, mentre era titolare del dicastero Giulio Andreotti.

Ha insegnato matematica e fisica presso il Ginnasio (corrispondenti ai primi due anni del Liceo Classico) e presso l'Istituto Tecnico Statale per ragionieri di Chiari, oltre che in alcune Scuole Medie Statali ove ricoprì anche la carica di vicepreside.

Ha studiato teologia presso il Seminario Vescovile di Brescia, e nei medesimi anni è stato Vicedirettore del prestigioso Collegio Convitto "Cesare Arici", e poi del Collegio Vescovile "San Giorgio", sempre a Brescia.

Negli anni seguenti ebbe varie esperienze imprenditoriali, sia nel settore dei prodotti chimici, come nella ricerca di nuove tecnologie al punto che spesso si è portato in America e nel Canada per seguire soprattutto il settore della sterilizzazione dei rifiuti ospedalieri e lo smaltimento degli stessi e del PCB.

Nella sua città natale è stato promotore ed ha ottenuto finanziamenti regionali per una Cooperativa di artigiani locali affinché potessero insediarsi in capannoni, allora carenti in loco, adatti alle loro attività.

Ha passato alcuni anni a Montalto di Castro per una ditta, come membro del CdA,coordinando i lavori di oltre 400 ferraioli nella costruzione della ex erigenda Centrale Nucleare.

Poi ha operato alcuni anni a Roma, costituendo nel 1989 e guidando per i primi anni l' "Arethusa Consorzio di ricerca e sviluppo srl", -tutt'ora attiva e società leader nel settore pur se passata in altre mani con l'obiettivo di produrre beni e servizi nell'ambito della conservazione, catalogazione e fruizione dei beni culturali e ambientali e con essa ha dato vita al parco archeologico di Vulci e ai laboratori connessi in cui hanno trovato occupazione oltre 100 addetti di cui la maggior parte specialisti del settore.

Dopo la pubblicazione del "Dito di Dio", esce con una nuova versione aggiornata che contiene tutte le lettere inedite di Majorana e i documenti ad esse connessi.

*

Alfredo Ravelli

26 ETTORE MAJORANA

Ettore Majorana è stato probabilmente il maggior fisico italiano —e forse non solo italiano- del ventesimo secolo. Ma il nome di Ettore Majorana, di questo scienziato scomparso misteriosamente nel 1938 a soli 31 anni di età, richiama subito alla mente un enigma nazionale tutt'ora irrisolto: si suicidò? Si rifugiò in un convento? O fu rapito da potenze straniere? Oppure si allontanò volontariamente in Argentina?

Perché Ettore Majorana, pur in giovane età, in quegli anni qui in Italia, era stato uno dei "ragazzi di via Panisperna" il famoso gruppo di fisici italiani con a capo Enrico Fermi, ossia il premio Nobel che poi nel 1942 costruì a Chicago la prima 'pila atomica' e in seguito, purtroppo, ne scaturì la 'bomba A'.

Ettore Majorana, che già aveva rifiutato dei prestigiosi inviti di trasferimento presso le università di Cambridge, di Yale e della Carnegie Foundation si era fatto notare per il suo straordinario valore di scienziato e di ricercatore teorico con opere riguardanti la fisica nucleare e la meccanica quantistica relativistica, con particolari applicazioni sulla teoria dei neutrini.

Majorana conseguì la libera docenza in fisica teorica a soli 28 anni, ed ebbe poi la nomina, fuori concorso e per meriti speciali, a titolare della carica di Fisica Teorica nell'Università di Napoli.

Qui tenne la prolusione il 13 gennaio 1938 e continuò le sue lezioni fino al 23 marzo. Due giorni dopo, il 25 marzo 1938 egli scomparve dopo aver preso -sembra- il passaporto e ritirato lo stipendio relativo ai primi mesi di insegnamento.

L'ipotesi del suicidio, la più immediata e plausibile, non trovò conferma nelle ricerche effettuate immediatamente né fu trovata in seguito; lo stesso si può dire per altre ipotesi avanzate nel tempo.

Lo stesso Fermi scrisse a Benito Mussolini per chiedere una intensificazione delle ricerche usando parole chiare che esprimono molto bene la sua valutazione su Majorana: "Io non esito a dichiararVi, e non lo dico quale espressione iperbolica, che fra tutti gli studiosi italiani e stranieri che ho avuto occasione di avvicinare il Majorana è fra tutti quello che per profondità di ingegno mi ha maggiormente colpito."

Molti, col passare del tempo, ipotizzarono nella scomparsa una scelta di estraniamento totale e definitivo.

In alcune parti dei lavori del Majorana si trova una "sociologia quantistica", indeterministica, chiaro esempio e specchio della vastità di interessi tale da porlo vicino alla tradizione dei "fisici-filosofi" come Heinsenberg, Bohr e Einstein più che alla fisica italiana del tempo, questa orientata all'aspetto sperimentale.

Fu ritroso a pubblicare i suoi lavori sia per il suo senso ipercritico (anche con se stesso) sia per la sua natura schiva e riservata, per cui una grande quantità di sue ricerche è rimasta in forma di manoscritti, in parte perduti.

Ciò che resta degli appunti autografi per le lezioni universitarie, delle sue ricerche e degli articoli pubblicati mostrano un chiaro esempio di penetrazione nelle leggi della fisica tale da precorrere i tempi sì che Ettore Majorana è stato compreso e valutato a fondo solo molti anni dopo e perfino tutt'ora rimane precursore di novità scientifiche.

Ora, nella testimonianza biografica di Rolando Pelizza riportata nel libro "Il dito di Dio", sia pure in questa prima parte che tratta avvenimenti fino al 1989, c'è una concreta indicazione, collegata a fatti reali che altrimenti resterebbero inspiegabili, per uno sprazzo di luce sul mistero della scomparsa di questo grande fisico italiano

Breve bibliografia.

E.Amaldi, La vita e l'opera di E. M., Roma 1966
L. Sciascia, La scomparsa di M., Torino 1975
E. Recami, Il caso Majorana: epistolario, documenti, testimonianze, Roma 2002;
id., Il caso Majorana, Mondadori

*

Ettore Majorana.

27 IL SEGRETO DI MAJORANA - DUE UOMINI, UNA MACCHINA

Sulla piattaforma di un forte in alta montagna, Rolando Pelizza nel 1976 con un esperimento videotrasmesso mostra ad alcuni conoscenti come sia capace di annichilire una roccia mediante una piccola macchina e afferma di utilizzare dell'antimateria.

Ne nascono esperimenti e laboriose trattative con dei Governi (U.S.A., Italia, Belgio e la stessa NATO) e l'interesse di questi per quell'invenzione che il nostro protagonista non vuole cedere temendo che possa essere utilizzata per fini bellici; da qui tutta una campagna di stampa di disinformazione e di depistaggio su di lui.

In questa sua biografia egli afferma che la macchina da lui costruita serve per la verifica sperimentale della teoria di fisica nucleare elaborata da Majorana con cui collabora.

Nei molti esperimenti eseguiti, Pelizza ottiene non solo la possibilità di distruggere elementi con questa macchina, - il cui uso pacifico è la distruzione dei rifiuti

e delle scorie radioattive - ma soprattutto di poter
ottenere grandi quantità di energia praticamente a
costo zero. Nei successivi esperimenti, Pelizza cerca
piena conferma della terza fase indicatagli dal suo
maestro: la trasformazione della materia.

LA STORIA IN BREVE

Dal primo incontro nel 1958 con il Maestro, il fisico
Ettore Majorana, all'idea di realizzare la macchina da
lui progettata, sono passati solamente tre anni. Un
congegno in grado di "annichilire" la materia,
un'invenzione che porta con sé straordinarie possibilità
di sviluppo per l'umanità, ma anche un'enorme
potenziale distruttivo. Una macchina in grado di far
letteralmente scomparire qualsiasi cosa o di creare
energia a costo zero.

E questo, guardando solamente alle prime due fasi di
sviluppo.

Il presente libro racconta in modo biografico le vicende
accadute al bresciano Rolando Pelizza dal 1958 al
1989, con il solo scopo di fare luce su una scoperta
degli anni '70, che ancora oggi mantiene inalterato il
suo carattere assolutamente rivoluzionario.

Una scoperta taciuta perché il suo inventore non volle
scendere a compromessi con i servizi segreti
americani, con il governo Belga, con quello Italiano e
altri ancora; tutti interessati come erano a uno sviluppo

prettamente bellico dell'apparecchiatura. Un campo d'applicazione questo, in netta contrapposizione con gli intenti umanitari che hanno sempre guidato Pelizza, spingendolo a subire decenni di soprusi, violenze fisiche e psicologiche, ricatti ed intimidazioni.

Si raccontano gli esperimenti, le speranze, le gioie e le sconfitte di un uomo e di una teoria.

Si racconta di un uomo che è stato in grado di dimostrare più volte al governo italiano l'efficacia delle proprie tesi: una prima volta nel 1976 al prof. Ezio Clementel del CNEL e ancora nel 1981 al ministro Mancini. Sorprendenti i commenti, altrettanto sorprendenti le conseguenze. La posta in gioco era così alta, da far cambiare i giocatori; serviva un nuovo attore, forte, molto più forte. Qualcuno che fosse in grado di mettere nei guai Rolando, di muovergli contro un'incredibile "macchina del fango", di ridurlo in misera e costringerlo all'esilio.

Ma la storia ci insegna che i grandi uomini raggiungono i loro obiettivi in qualunque situazione. A volte guidati anche solo dal caso.

L'incontro con un informatico svizzero alla fine del 1987 consentì a Pelizza di proseguire le sue ricerche per cercare di raggiungere sperimentalmente anche la terza fase di sviluppo prevista dalla teoria del suo Maestro: la possibilità di trasformare la materia.

Questo scritto conclude il suo racconto proprio alcuni giorni prima di questo incredibile tentativo.

Tutti i fatti narrati in questo libro sono suffragati da numerosi documenti e testimonianze raccolte negli anni.

Credere o non credere? Non importa!

L'importante, per ora, è conoscere. Perché è chiaro che ogni eventuale dubbio potrebbe essere fugato solamente da esperimenti eseguiti secondo i più stretti canoni, ed è proprio questo che tutti noi ci auguriamo, e stiamo aspettando.

Non sono molti i grandi inventori e gli studiosi che la storia ricorda. Ettore Majorana e Rolando Pelizza, meritano certamente di entrare in questo prestigioso novero, per una teoria e per la sua realizzazione, per un'invenzione che sarebbe in grado di rivoluzionare il mondo, anche se con 38 anni di ritardo!

28 Testimonianza di Carlo Tralamazza

Fondamentale testimonianza del dr. Carlo Tralamazza, professore ed informatico svizzero, che ha collaborato per anni con Rolando Pelizza nello sviluppo software.

" Mi chiamo Carlo Tralamazza e appaio sia nel libro di Alfredo Ravelli sia nel film di Victor Tognola, confermo che tutto quanto è scritto nel libro (Il dito di Dio) per quanto mi riguarda, naturalmente, corrisponde appieno alla verità, per quanto invece esula dalla mia persona ho avuto modo di visionare tutti i documenti originali a cui si riferisce il signor Ravelli, anche in questo contesto confermo che li ritengo senz'altro autentici. Il mio nome non appare nel film (La macchina venuta dal futuro), al momento della registrazione per motivi personali che nulla hanno a che fare con la storia di Pelizza, ho chiesto di non menzionare il mio nome. Adesso invece non ho più nessuna remora affinchè il mio nome venga pubblicato, chi ha seguito la trasmissione mi avrà senz'altro identificato con quel personaggio che mostrava soltanto le scarpe. In merito alla storia Pelizza per adesso non mi sento in dovere di aggiungere altro oltre quanto è già stato esposto sia nel libro sia nel film, per contro mi sento in dovere di esporre qualche considerazione: Aver conosciuto il

Pelizza è stata per me una fortuna oppure una sfortuna? Probabilmente l'una e l'altra cosa; sfortuna perchè da quel fatidico 8 Gennaio del 1988 per diversi anni non ho più avuto il tempo da dedicare alla mia famiglia come avrei voluto. Mi ritrovavo sempre al cospetto di Rolando, di sera, di sabato, di domenica, a pasqua, a natale, e quando non poteva raggiungermi lui mi chiedeva di viaggiare in Italia, nella Svizzera interna, a Barcellona, a Londra. Abbiamo sciorinato una montagna di programmi in "Pascal", in uno dei tanti programmi che abbiamo sviluppato in quegli anni ruggenti che vanno dal 1988 a più o meno il 2000 si nota l'identificatore del programma Beet 44, dove Beet sta per Beethoven e il 44 significa che la serie Beethoven aveva almeno 44 programmi, naturalmente abbiamo abusato del nome non soltanto di Beethoven, ma abbiamo utilizzato anche Bach, Mozart ecc.ecc. Senza dimenticare pittori, nomi di piante, di fiori, e ciò la dice lunga per quanto riguarda la grande quantità di programmi che abbiamo sviluppato in quegli anni. Tutti i programmi sono stati scritti in Turbo Pascal in un Ambiente DOS e ogni programma aveva circa 100-200-300 righe di codice.

Potrei ancora parlare di sfortuna perchè mi sono reso conto di quanti bastardi ci sono in questo mondo, bastardi che condizionano pesantemente la nostra vita, sarebbe stato meglio ignorare questo lordume?...Probabilmente si, e poi sono ormai 27 anni che mi pongo mille domande alle quali non riesco ancora a dare una risposta.

D'altro canto c'è anche fortuna e più che fortuna

parlerei di onore di vero onore, vi immaginate avere aiutato colui che ha realizzato una macchina che è in grado di annichilire la materia?..Di produrre grandi quantità di energia a costo praticamente nullo, trasformare la materia?...Ebbene mi crogiolerei nell'idea di avere contribuito seppur minimamente nella realizzazzione della trasmutazione della materia. C'è poi un'altro aspetto di cui sono oltremodo orgoglioso, Rolando mi ha detto da subito che lui è stato solo il costruttore della macchina, mai e poi mai mi ha svelato il nome del genio anzi del supergenio che ha concepito l'incredibile marchingegno, da parte mia subito avevo comunque intuito uno strabiliante scienziato di cui non faccio il nome perchè adesso non ne ho ancora l'assoluta certezza. Solo pensare che seppur indirettamente, seppure in modo molto, molto limitato il mio contributo sia stato visto da cotanto scienziato, ciò mi farebbe sprizzare di gioia e a mo di ringraziamento sarei disposto a percorrere a piedi la strada dal Canton Ticino fino alla Calabria.

Ma torniamo al mio amico Pelizza, una persona straordinaria, una persona che ha dedicato una vita al suo progetto, una persona che è stata perseguita in modo ignobile, una persona che ha sopportato l'inverosimile, una persona che ha perso tutto, non solo a livello economico, ma anche per quanto riguarda affetto e considerazione delle persone a lui vicine, questo naturalmente non è accaduto da parte mia. Ebbene il Pelizza più che amico è diventato un mio, un nostro famigliare, di cui posso mostrare qualche foto del lontano 1988 fino ai nostri giorni, come non ammirare il nostro amico Rolando, alias Mario in una Foto del 1988 con in braccio mio figlio, una foto con Rolando a casa nostra con mio figlio che aveva 2 anni, mia moglie e le mie 2 figlie, una nuova famiglia, Rolando era diventato un nostro famigliare, visitava regolarmente casa nostra. Foto a Barcellona con l'avvocato di Rolando, mia moglie, il sottoscritto, Rolando e mio figlio. Foto con Rolando padrino di mio figlio in occasione della sua cresima.

Quante volte abbiamo affrontato il discorso, "il mondo non è pronto per questa macchina" e probabilmente il mondo non è pronto a gestire una simile invenzione, sicuramente qualcuno non vuole che ciò diventi di dominio pubblico e mi lascierei andare a parlare per ore e ore. Ma mi fermo qui, ribadendo che credo ciecamente nel Pelizza, anche se dubito che mi nasconda qualche cosa che non mi può ancora rivelare.

29 IL RACCONTO

Di Rino Di Stefano

Questo non è soltanto un fatto di cronaca, io sono un giornalista e quindi mi occupo soprattutto di cose concrete, di cui questa, si riferisce a una storia realmente vissuta, realmente ancora operativa e ancora in essere ed è quella di cui parlo.

Di che cosa si tratta?... Si tratta del fatto che esisterebbe, forse non dovrei neanche usare il condizionale perchè la macchina è concreta, una macchina che è in grado di sviluppare delle antiparticelle, esattamente quello che noi potremmo definire anche atomi, che sono in grado di distruggere la materia trasformandola dallo stato solido allo stato energetico puro.

Come sono venuto in contatto con questo discorso e perchè ne parlo.... Tutto a inizio nel 2009, quindi ormai sono passati alcuni anni, quando un giorno mi è venuto a trovare in ufficio un imprenditore genovese che si chiama Enrico Remondini e questo signore mi racconta una storia, mi dice che lui 10 anni prima aveva lavorato per una fondazione, Fondazione Internazionale Pace e Crescita con sede a Vaduz, capitale del Liechtenstein, che però aveva un centro operativo a Lugano in Svizzera, infatti praticamente tutte le operazioni di questa Fondazione partivano da Lugano. Ora, che cosa mi dice questo signore?

Questo signore mi spiega che questa Fondazione era in grado di proporre e di adottare una tecnologia del tutto innovativa rispetto a quella di cui noi disponiamo oggi. Di cosa si tratta, secondo alcuni documenti in suo possesso risultava che questa Fondazione era in grado per esempio di smaltire scorie radioattive, di distruggere la roccia, per cui era in grado di scavare delle gallerie nella montagna nel giro di pochissimo tempo, soprattutto di produrre energia elettrica, come la produceva?... Vi erano già dei piani, perchè nella documentazione che mi ha lasciato, tutto questo era molto tracciato ed era molto evidente, praticamente questa fondazione aveva progettato delle centrali elettriche così fatte; erano completamente sotterranee, all'esterno non si vedeva niente, si vedeva soltanto un giardino fiorito, con tanti alberi, una costruzione bassa, ma se si guardava in sezione il progetto della centrale si vedeva che all'interno di quella piccola costruzione c'era praticamente un bunker profondo 15 metri completamente in cemento armato e dentro questo bunker venivano stipati dei rifiuti urbani, questi rifiuti producevano calore, questo calore faceva muovere 2 turbine Ansaldo, le quali producevano energia elettrica, il tutto come si può immaginare al costo prossimo allo zero, nel senso che se fossero stati soltanto dei rifiuti....insomma addirittura c'era la possibilità di guadagnarci sopra.

Io, sono stato un po' mancante in quell'occasione perchè non ho creduto subito a quello che mi diceva questa persona, un po' perchè ero impegnato su altri fronti, un po' perchè non mi convinceva molto questo discorso, ho lasciato perdere per un certo periodo di tempo. Dopo un mese questo signore mi richiama e mi dice,"ma lo ha letto il dossier?"...Io gli ho risposto di no, non ho avuto ancora il tempo, allora lui ha insistito, "ma lo faccia è una cosa interessante" ecc.ecc. Passa un'altro mese e mi richiama, questa volta io mi scuso per la mia distrazione, e a questo punto ho dato un'occhiata al dossier. Il dossier in effetti era assolutamente rivoluzionario per le conoscenze che abbiamo noi, perchè come ho spiegato, appunto, all'interno vi era il metodo in grado di disintegrare la materia, ma come poteva fare, che cosa c'era dietro, chi aveva proposto questa tecnologia?.... Allora ho incominciato ad interessarmi e questo è successo nel 2009, nei primi mesi di Gennaio-Febbraio, per cui io, sono andato avanti a indagare su questa faccenda per quasi un anno, prima di scriverne.

Sono entrato in contatto prima con l'ex direttore di questa Fondazione, il quale però non mi ha voluto dire niente, era un signore di Lugano, ma soprattutto attraverso una ditta di Londra, una società di Londra, mi sono fatto dire quando la Fondazione era stata costituita, quali erano le motivazioni e quando era stata liquidata. In tutto praticamente questa Fondazione aveva avuto un'esistenza di 6 anni e 3 mesi, per 6 anni e 3 mesi qualcuno aveva pagato le spese di questa Fondazione, quindi ufficio, telefono, fax, una segretaria che rispondeva alle chiamate e non si capiva quale fosse lo scopo, visto che poi non aveva prodotto niente, non si poteva neanche parlare di truffa perchè quando c'è una truffa c'è anche un fatto. C'era anche una lista di 24 nominativi, tra cui le principali acciaierie Europee e anche alcuni governi Internazionali e Nazionali, ad esempio c'era il governo Libico che allora era condotto da Gheddafi, ma non riuscivo a capire, visto che questi proponevano questa tecnologia, se poi potevano svilupparla veramente, perchè secondo la documentazione che avevo, loro riuscivano a proporre questa tecnologia, poi al momento dell'applicazione non si vedeva niente di concreto.

Comunque a quel punto una volta che mi sono reso conto che la Fondazione era esistita veramente, che c'era stato questo periodo di tempo in cui era stata operativa, ho scritto i miei articoli. Ho preparato un dossier di 82 pagine e lo ho proposto al mio direttore di quel tempo, che era Vittorio Feltri, tra l'altro devo dire di essere stato fortunato nella mia carriera giornalistica perchè ho avuto due grandi direttori, uno è stato Indro Montanelli, che mi ha assunto al Giornale e il secondo è stato appunto Vittorio Feltri, due grandi giornalisti. Feltri ha capito immediatamente di cosa si trattava e ha pubblicato il mio articolo nel Luglio del 2010 su due facciate, quindi due pagine di giornale dedicate interamente a questa storia.

Come potete immaginare ha avuto un effetto piuttosto movimentato da parte dei lettori, ma non da parte delle autorità, infatti Feltri lo ha definito, "un silenzio imbarazzante", nel senso che, coloro che erano stati chiamati in causa, e io ne chiamavo diversi perchè le prove di questa macchina erano state fatte sotto il governo Andreotti del 1976, non rilasciarono mai alcuna dichiarazione. A ordinare la verifica del funzionamento della macchina che sarebbe stata alla base della tecnologia di questa Fondazione, era stato chiamato il professore Ezio Clementel, che aveva praticamente allestito un protocollo di esperimenti per vedere se la macchina funzionava. Io fino a quel punto, quello che non sapevo, era il vero protagonista di questa storia, sapevo soltanto della Fondazione, una Fondazione che a mio modo di vedere apparteneva ormai al passato, era un fatto storico perchè pare che avesse terminato l'attività nel 2004, quindi ho cominciato ad interessarmene nel 2009, per me era un fatto ormai chiuso e concluso, almeno così credevo. Per cui c'è stato tutto un po' di bailame da parte dei lettori, nel senso che esattamente furono 288 a scrivere al Giornale, dicendo; "no, ma come è possibile una cosa del genere, un giornale come il vostro che racconta storie di questo genere!",...sembrava una favola, e in effetti vi devo dire,....che questa storia è talmente inverosimile, da sembrare più una storia inventata piuttosto che una storia vera, sembra una trama di un romanzo alla Dan Brown, solo che al contrario non è stato così, è assolutamente accaduto, quello che dirò più avanti di questi eventi, chiarirà un po' le idee su ciò che stava succedendo. Comunque sia, subito dopo il mio primo articolo del 2010, ricevo una telefonata da parte di un generale in riposo, un generale in pensione, ho conosciuto diversi generali durante la mia attività, questo però mi era completamente nuovo, mi chiamava da Terni, tra l'altro una persona molto gentile, molto disponibile, la quale mi invitò a fare una gita a Civitella d'Agliano, (che è un piccolo centro della Tuscia Viterbese, rimane al confine tra il Lazio e l'Umbria), perchè diceva, "in questo modo lei conoscerà coloro che sono veramente coinvolti in questa storia e una parte del racconto che lei attualmente ignora", questo era il discorso.

Così mi sono recato a Civitella d'Agliano che è un Paesino sperduto sui monti e poi ho capito il perchè mi avevano invitato li, dovevo incontrare un gruppo di persone, tra le quali si presentò l'ingegner Aristide Saleppichi, che quando ebbi l'occasione di conoscerlo aveva 92 anni, ed era ormai molto affaticato, non era più in grado di muoversi completamente, era stato il direttore dello stabilimento Terni Polimer, ed era una delle prime persone che si era occupata di questa macchina, questa famosa macchina che annichilisce la materia. In quel contesto ho conosciuto l'ingegner Micheli e il signor Pietro Panetta, che poi ho saputo essere stato l'assistente del vero protagonista di tutta questa storia, i quali mi hanno raccontato finalmente la parte mancante all'articolo che avevo scritto.

Dunque, qual'è la vera origine di questa tecnologia?....La vera origine di questa tecnologia si deve a una sola persona, che ha 77 anni, il cui nome è Rolando Pelizza, è successo che una persona che frequentava il suo giro di conoscenze, si è praticamente impossessato di alcuni documenti che riguardavano la tecnologia di cui disponeva questo signore e la ha proposta a questa Fondazione in modo del tutto arbitrario, cioè questa Fondazione ha creato una struttura su una tecnologia che non apparteneva loro, ma apparteneva al Pelizza. In seguito sono venuto a sapere che il Pelizza, quando è venuto a conoscenza di questa Fondazioine, si era messo in contatto con il presidente della stessa, che si chiamava Nereo Bolognani, anche lui è ancora in vita oggi, minacciandolo, dicendogli; "guarda che tu stai abusando della mia tecnologia senza averne il diritto, per cui se continui io adirò a vie legali e procederò contro di te". A quel punto e solo a quel punto la Fondazione è stata chiusa, quindi su minaccia del vero protagonista di questa storia, di colui che in effetti possedeva e possiede questa tecnologia, la Fondazione è stata chiusa.

Per cui il discorso della Fondazione che ha dato inizio alla mia inchiesta su tutto questo evento è risultata un falso, cioè io ho iniziato praticamente basandomi su qualche cosa che in effetti non era vero.

Una volta venuto a conoscenza di questo nome che io ignoravo completamente, ho cercato di mettermi in contatto con lui, non era facile, perchè questo signore non vive più in Italia, vive da anni a Barcellona avendo avuto una storia piuttosto controversa, piuttosto complicata, da quella volta in cui è stato coinvolto con il governo italiano, con le prove che sono state prodotte dal professor Clementel, da cui poi è risultato che era lui il soggetto interlocutore del Governo Italiano. Teniamo presente che in questa storia sono entrati anche diversi politici, per esempio a fare da tramite tra Pelizza e il Governo Italiano vi fu anche l'Onorevole Loris Fortuna, che allora era il segretario all'industria per la Camera, Loris Fortuna, per chi se ne ricorda, è colui che è stato coinvolto nella lotta a favore del divorzio.

Un'altra persona che venne coinvolta direttamente sempre da Pelizza fu l'Onorevole Piccoli, che era segretario nazionale della Democrazia Cristiana, ma non solo, i servizi segreti italiani, il SID, (Servizio Italiano della Difesa) non appena intuirono cosa si stava producendo, misero due persone infiltrate praticamente sotto falso incarico nella società di Pelizza che si chiamava Transpraesa, la società che aveva fatto da interlocutore, perchè, come sappiamo per dialogare con un Governo, non ci vuole una persona fisica, ma ci vuole una persona giuridica e quindi Pelizza aveva fondato questa società. Di questa società facevano parte anche due persone che erano, il Colonnello Massimo Pugliese e il Colonnello Guido Giuliani, in effetti conosciuti come due colonnelli dei Carabinieri (SID) che infiltrati in questa società riferivano in particolare al Generale Santovito direttore del SID.

Subito dopo sono venuto anche in contatto con un ingegnere milanese, il quale si è offerto di mettermi in contatto con Pelizza, non avendo mai conosciuto Pelizza non sapevo ovviamente chi mi sarei trovato di fronte, ma ho accettato l'invito di questo ingegnere e l'ho conosciuto a casa sua, c'è stato un incontro. Pelizza mi ha fatto subito una buona impressione, nel senso che si vedeva essere una persona corretta e onesta, ma si vedeva anche che aveva patito tutta una serie di vicissitudini, che io a quel tempo ancora

ignoravo. Difatti subito dopo i fatti del 76, dopo il contatto con il Governo Italiano, c'erano state diverse altre cose, che io fino a quel momento non sapevo, per essere esatti vi sono stati altri due Governi che si sono occupati di questa questione, perchè subito dopo aver coinvolto il Governo italiano, pare che il Colonnello Pugliese, ormai morto dal 98, si era rivolto all'Ambasciata Americana, esattamente a John B. Louis Manniello, consigliere dell'Ambasciata Americana a Roma, per i settori scientifici e tecnologici. Lui ha offerto a questo signore i suoi servizi, dicendo quello che stava facendo e immediatamente il signor Manniello ha contattato il Dipartimentto di Stato degli Stati Uniti riferendo di cosa si stava discutendo, subito dopo il Presidente degli Stati Uniti, che allora era Gerald Ford ha inviato il suo rappresentante personale Mr. Matthew Tutino, per trattare con Pelizza e Pugliese, per l'ingresso degli Stati Uniti nella società Transpraesa, in pratica questa gente si era convinta attraverso le prove che erano state fatte nel 76 dal Pelizza stesso, sul protocollo del Professor Clementel, che la macchina funzionava, che la macchina disintegrava la materia generando energia elettrica e di cui esistono dei filmati.
Dopo aver visionato i filmati e secondo la spiegazione che mi ha dato direttamente Pelizza, la macchina in pratica produce positroni, e cosa sono i positroni?....in pratica sono gli elettroni con carica positiva, questi ultimi emessi dalla macchina, che tra l'altro è in grado di lanciare questi positroni fino a una distanza di 1500 Km, quindi è ovvio che questa macchina veniva

concepita da parte esterna, non certo da parte di coloro che la gestivano, più che altro come un'arma, una vera e propria arma, perchè potendo selezionare il materiale, la grandezza e il tipo di obiettivo, chiaramente sembrava l'arma ideale per colpire a qualunque distanza, ad esempio tanto per dirne una, esistono dei puntatori satellitari in ambito militare che fanno una triangolazione e la macchina che emette il proiettile, viene regolata in un certo modo e attraverso il satellite punta sul bersaglio e lo colpisce, questo succede soprattutto con gli aerei, ma può essere adottato anche in altre occasioni. Quindi la macchina veniva automaticamente definita come un'arma, Pelizza però non ne voleva assolutamente sentirne parlare, la macchina doveva essere utilizzata soltanto per scopi civili, soltanto per scopi umanitari, il discorso della macchina come strumento bellico era ed è completamente al di fuori della mentalità di Rolando Pelizza e lui non vuole prendere neanche in esame la possibilità di usare la macchina per fini bellici. Bisogna tenere presente che il signor Tutino è venuto a Roma per parlare con Pelizza offrendo un miliardo di dollari per entrare in società con la Transpraesa, cioè era il Governo Americano che voleva entrare in società con la Transpraesa. Ovviamente stiamo parlando del 76-77, prima di offrire questa cifra voleva una prova, certo non gli bastava quello che aveva visto nei filmati, voleva vedere la macchina in senso operativo e soprattutto in senso militare. Allora che cosa hanno chiesto?.....; hanno detto: "ascolta, tu ci butti giù un satellite geostazionario, noi ti diamo le effemeridi, cioè le coordinate, tu hai 1500 Km di gittata quindi colpisci e distruggi questo satellite e noi a questo punto ti diamo fiducia, entriamo in società con te e quindi facciamo affari insieme".

Pelizza si rifiutò, un miliardo di dollari nel 1976, diciamo che era una cifra spropositata, insomma Pellizza si è rifiutato, tanto che il 15 Aprile del 1977 Pugliese, che era ufficialmente tesoriere della società si dimise in segno di protesta contro la decisione di Pelizza di non assecondare i voleri del Governo Americano.

Quindi, si chiude la trattativa con il Governo Italiano, perchè Andreotti non appena ha saputo che c'erano gli Americani di mezzo ha detto; "interrompiamo ogni tipo di rapporto", questi fatti sono documentati, abbiamo dei documenti che lo provano, ci sono diversi documenti ad esempio a firma di Loris Fortuna che raccontano un po tutto l'evolversi della storia. Come abbiamo detto subito dopo se ne va Pugliese, di conseguenza, addio al Governo Italiano, addio al Governo Americano, e chi subentra?.....Arriva il Governo Belga, in questo caso si avvicina a Pelizza uno pseudo giornalista, pseudo perchè questa persona era direttore di una rivista di Bruxelles, questo signore diceva di essere interessato di sapere come funzionava la macchina ecc.ecc. Invece poi si rivela un emissario del Governo Belga, il quale chiede un'esperimento, che viene eseguito nel 9 Giugno1977 nei pressi del Monte Baremone nel Bresciano, a questa prova assistono diverse persone, posso fare alcuni nomi che comunque sono conosciuti, assistono;

l'avvocato Bossoni di Brescia, l'imprenditore sardo Antonio Piras, che era entrato in società con Pelizza e Pugliese offrendo un cospicuo capitale, ma soprattutto il Maggiore Leclerc dell'Esercito Belga e Pietro Panetta che era l'assistente di Pelizza.

Alla distanza di 2 Km Pelizza ha fatto disintegrare il bersaglio, puntando il bersaglio e ottenendo il risultato voluto, l'avvenimento è stato filmato e questo è stato spedito al Governo Belga.

A questo punto si arriva alla parte burocratica, perchè dal momento che la Transpraesa era stata chiusa con l'uscita di Pugliese, è stato incaricato un notaio, che ha acquistato una società Lussemburghese, la Ecclusive S.A costituendo un nuovo consiglio d'amministrazione, per cui c'era un nuovo soggetto che interveniva in questa spartizione di affari tra i Governi e i privati che facevano capo a Pelizza. Il fatto è che questa volta il referente di Pelizza era Leo Tindemans, che era presidente del consiglio dei ministri del Governo Belga, quindi non stiamo parlando di un basso livello, stiamo parlando di un livello piuttosto alto. Proprio Tindemans avviò quello che poi è stato chiamato progetto Rematon, depositario dei piani di costruzione della macchina, presso l'ufficio brevetti Kirkpatrick di Bruxelles, in modo che la macchina venisse brevettata.

Pelizza è sempre stato contrario a brevettare la macchina, perchè brevettare la macchina significava consegnare i piani di costruzione, spiegare come la macchina funzionava, compresa la fisica che era dietro il funzionamento e lui di questo non ne voleva assolutamente sentirne parlare, per cui cosa ha fatto, ha modificato i piani di costrruzione della macchina e li ha depositati in una banca, in una cassetta con due chiavi, di cui una la possedeva lui stesso, mentre l'altra era detenuta da Tindemans. Alchè si è rivelata una rottura, il motivo di questo è che arrivati ad un certo punto il Governo Belga ha preteso la prova di fronte al proprio Stato Maggiore dell'esercito, prelevando Pelizza da Roma con un aereo militare scortato da due caccia, così racconta Pelizza, atterrando all'aereoporto di Brasschaat, dove vi era in effetti l'intero Stato Maggiore dell'esercito Belga, ma non solo, per l'occasione era stato invitato anche il Professor Ezio Clementel, quindi c'era anche l'ospite italiano che per primo aveva preparato il protocollo per gli esperimenti della macchina.

Che cosa hanno chiesto questi signori a Pelizza?.....In pratica gli hanno fatto vedere un carro armato e gli hanno detto: "Adesso per favore con la tua macchina distruggi il carro armato", alchè Pelizza ha iniziato ad innervosirsi rispondendo: "Ma come!...io vi ho sempre detto che non voglio utilizzare la mia macchina come un'arma bellica, voi mi mettete davanti un carro armato pretendendo che io lo distrugga, non se ne parla neppure." Quindi Pelizza ha regolato la macchina affinchè la stessa implodesse, quindi la macchina è implosa distruggendosi completamente. Subito dopo il Pelizza ha preteso di essere riportato in Italia, quindi fine dei contratti anche con il Governo Belga.

Quest'uomo per quanto riguarda i contatti con i Governi non è mai stato troppo delicato, ma la vita di

Rolando Pelizza è veramente piena di sorprese, perchè una volta tornato in Italia è incappato nell'inchiesta per traffico di armi nel 1984, per via del Giudice Carlo Palermo, fu un inchiesta clamorosa, ricordo che soltanto la richiesta all'apertura del processo contava qualcosa come 6000 pagine, ebbene Pelizza venne accusato di avere costruito senza autorizzazione, un'arma bellica letale, chiamata "Raggio della Morte". Quindi è stato imputato lui, è stato imputato Antonio Piras che faceva parte di questa società e anche il Colonnello Pugliese. Si arriva al processo, Pelizza viene assolto, Piras viene assolto, Pugliese viene condannato a 2 anni e 8 mesi, perchè lo si considerava colpevole di atti pratici e di altre cose. A quel punto Pugliese ha fatto ricorso, ha vinto il ricorso, avendo fatto comunque 6 mesi in galera, un Colonnello dei Carabinieri, arrestato anche se convinto della propria innocenza, per come poi andarono in effetti le cose, visto che nel processo di appello è stato completamente scagionato da qualunque accusa e quindi liberato definitivamente, tra l'altro in seguito ha tentato diverse azioni giudiziarie, ma senza esito, quindi senza avere mai alcun risarcimento.
A questo punto inizia quello che si può chiamare il periodo oscuro del Pelizza, perchè non si capisce esattamente che cosa abbia fatto negli anni successivi, prima di tutto in quegli anni venne accusato, praticamente ci fu una campagna stampa contro di lui, soprattutto in merito al discorso del Giudice di Palermo e venne definito come uno pseudo truffatore, anche se non si capiva chi avesse truffato,

perchè se c'è un truffatore si presume che vi sia anche un truffato, ma in quel caso non venne fuori nessun nome, quindi lo si accusò di essere un "Traffichino di Provincia", così venne definito. Di conseguenza ne risentì moltissimo a livello di reputazione personale, perciò successe che ad un certo punto lui disse di essere stato rapito da certi servizi segreti non meglio identificati, restò assente per 6 giorni, disse che questa gente lo aveva minacciato, dicendogli che se non smetteva immediatamente gli esperimenti con la macchina, ne avrebbe subìto le conseguenze la sua famiglia, cioè sua moglie e i suoi 2 figli. A quel punto forse prese la decisione più importante della sua vita, perchè lasciò la casa natale di Chiari in provincia di Brescia e si trasferì nei pressi di Barcellona in un piccolo appartamento, dove sperava di riuscire ad essere al di fuori dalla portata della Magistratura italiana o comunque delle Forze Armate italiane, perchè a suo dire era stato preso di mira.

Così inizia il periodo più buio del discorso Pelizza, più buio nel senso che lui non lo ha mai documentato del tutto, non ha mai spiegato nei dettagli di che cosa si trattava, che cosa avesse fatto, con chi era entrato in contatto. Dopo che incominciò a dire che la macchina aveva bisogno di essere regolata meglio, perchè la macchina annichiliva la materia, ma secondo lui sarebbe stata in grado di svolgere anche altri compiti, ma che per svolgere questi altri compiti aveva bisogno di qualcuno che gli preparasse dei calcoli appositi, cioè praticamente dei sistemi matematici per poter utilizzare la macchina su diversi fronti, in poche parole aveva bisogno di un docente di informatica. Lo trovò nel professor Carlo Tralamazza di Bellinzona in Svizzera, una delle persone che gli fu più vicino in quel periodo, questo signore diventò suo amico per la pelle, nel senso che sono diventati molto amici e cominciò a collaborare con lui per anni. Fatto sta che ad un certo punto Pelizza gli diede 116.000 dati matematici che riguardavano la sua macchina e gli disse, "per favore studiali e preparami questi sistemi, perchè io possa spaziare su altri campi con questa macchina", intendendo regolarla diversamente, perchè cosi come la macchina produceva Positroni che colpendo gli Elettroni annichiliva, aveva anche altre possibilità, ad esempio quella di riscaldare la materia ad un certo livello da lui impostato e quindi di fare anche dell'altro, ma bisognava che questa macchina fosse programmata, diciamo che era ancora abbastanza grezza, tenendo presente che per arrivare a questi livelli, cioè a quelli a cui si era giunti tra la fine degli anni 80 e i primi anni 90, lui aveva fallito 228 volte, vuol dire che per 228 volte la macchina era implosa, tenendo presente inoltre che questa macchina ha un cuore di circa 25 cm, la quale poi contiene all'interno diversi contenitori che la isolano dall'esterno, dunque dal cuore della macchina parte una specie di obiettivo fatto di magneti, perchè i Positroni se non avessero un campo magnetico potrebbero toccare la materia causando un disastro, quindi questo canale è fatto di magneti in modo che i Positroni vengano lanciati verso l'esterno, ebbene, aveva bisogno di svilupparla diversamente.

Tralamazza si mette a studiare i 116.000 dati e quello che scopre è straordinario. Utilizzando il metodo Montecarlo, che è un metodo matematico elaborato da Enrico Fermi, che permette di studiare bene praticamente ogni genere di dispositivo meccanico, fa forse la scoperta più sconvolgente...... studiando questi dati è arrivato alla conclusione, che il logaritmo di riferimento della macchina non è come in tutte le macchine di questo mondo, cioè 3,14 quindi corrispondente al pi grèco, ma era bensì il 2,71, cioè il numero di Nepero o logaritmo dei sistemi naturali, che è il logaritmo di riferimento di qualunque Essere Vivente, che può essere anche pianta, oppure animale di qualunque genere.

Com'è possibile che una macchina, quindi una cosa costruita e montata su un dispositivo di Plexiglass a cui vengono fissati tutti gli elementi possa contenere il logaritmo dei sistemi naturali?..... Per dare una idea vi sono 2 sfere di metallo con elementi di mercurio, poi ci sono diversi passanti, su questi passanti vengono fissati dei dischetti di vario genere e di vario tipo e di diversi metalli, tra i metalli di cui è fatta questa macchina c'è anche l'oro e il platino. Si calcola che il valore di questi elementi fra cui oro e platino, per ogni macchina sia di circa 40.000 Euro, senza parlare poi di tutto il resto, ad esempio la costruzione di tutti i magneti, quindi a oggi con il prezzo attuale si può parlare di una cifra intorno ai 70-80.000 Euro. 228 sono state distrutte, si può immaginare che genere di capitali ci sono voluti per arrivare alla macchina così come è oggi, perchè quelle sviluppate prima erano macchine abbastanza primitive, non erano macchine perfette come quelle odierne, fino agli anni 90, si doveva andare per tentativi, anni 90-92 ecc... Oggi invece vi è una programmazione immediata con effetto immediato. Prima addirittura, spiega Pelizza, doveva fare 10-12 tentativi prima di raggiungere l'obiettivo che si prefiggeva, cioè l'emissione di questi positroni in modo ottimale.

Ebbene, nel 1992 per la prima volta Pelizza è riuscito, grazie ai dati del professor Tralamazza, grazie probabilmente a sue intuizioni personali, a ottenere anche le prime trasformazioni della materia, arrivando così alla terza fase del progetto, quindi risalgono al 92 le prime trasformazioni.

Non voglio raccontarvi tutto quello che è successo, perchè così facendo si entrerebbe in questioni ancora oggi non chiare o comunque che non possono essere spiegate con poche parole, diciamo che lui ha avuto tutta una serie di conseguenze perchè la trasformazione dei metalli si pone in quello che talvolta veniva definita Alchimia, come ad esempio " l'oro alchemico", portandogli tutta una serie di conseguenze.

Comunque alla fine degli anni 90 finalmente Pelizza decide di chiedere aiuto a un ente che poteva aiutarlo nel corso delle sue operazioni, quindi lui dice di essersi rivolto al Vaticano per avere un appoggio e un aiuto nella sua operazione. Qui nasce un altro dilemma; lui non aveva mai spiegato l'origine della sua macchina, non aveva mai detto come ne scaturì l'idea e in base a quali studi specifici, visto che vi erano improbabili racconti connessi (anche di una leggenda di un soldato tedesco della seconda guerra mondiale, che in ritirata sarebbe passato da Chiari dove lui viveva e che quindi avrebbe affidato questa macchina al primo che gli era capitato, che sarebbe stato un giovane corrispondente a Pelizza). Questa è una favola scombinata anche riguardo ai tempi, perchè Pelizza è nato nel 1938, nel 45 alla fine della guerra aveva 7 anni, quindi non si può pensare che un soldato in ritirata regali ad un bambino una cosa di questo genere, sarebbe ridicolo. Però dal momento che coloro che hanno scritto questa cosa non sapevano l'età di Pelizza, gliela hanno comunque attribuita.

Invece Pelizza comincia a raccontare un'altra storia, lui dice: " Guardate io fino ad oggi non l'ho detto, ma il vero progettista, colui che ha studiato la macchina, colui che l'ha progettata, colui che insieme a me l'ha realizzata, anzi più che altro sono stato io a collaborare con lui nel realizzare la macchina, questa persona si chiama Ettore Majorana".

Chi è Ettore Majorana?.....E' forse lo scienziato più grande che l'Italia abbia avuto in tempi recenti, questo scienziato faceva parte della squadra di Fermi e dei ragazzi di Via Panisperna, che ad un certo punto si separò da Fermi e compagni perchè sosteneva che Fermi e gli altri avevano intrapreso una strada diversa da quella per lui giusta. Majorana riteneva che il discorso del nucleare così come era stato portato avanti e che poi portò alla costruzione della bomba atomica, quindi di conseguenza delle due bombe su Hiroshima e Nagasaki, questo modo di studiare la materia era sbagliato e che al contrario ve ne era un altro molto più corretto e molto più tranquillo perchè naturale nell'agire sulla materia.

Majorana non spiegò mai il perchè o in cosa consisteva il suo pensiero, lui venne nominato professore ordinario di fisica teorica all'università di Napoli per meriti eccezzionali, su proposta di Fermi gli diedero la cattedra perchè era ormai noto a tutti la capacità, l'intelligenza e il genio di Ettore Majorana.

Un bel giorno però, il 27 Marzo del 1938, questo grande scienziato decise di scomparire, anche qui il perchè non fu mai spiegato, non lo spiegò, in un primo momento probabilmente pensò al suicidio, avendo lasciato qualche lettera che dava adito a questa ipotesi, però poi a quanto descritto ci aveva ripensato....ma di fatto sparì.

Che fine aveva fatto, che cosa era successo?....A oggi non lo sappiamo ancora, sappiamo che nell'Aprile del 2011, la procura di Roma ha aperto un'inchiesta a 73 anni di distanza dalla scomparsa di Majorana per sapere dove lui fosse finito, a innescare questo processo, pare che sia stata una trasmissione televisiva, esattamente "Chi l'ha visto" su Rai 3, la quale aveva ipotizzato che una persona identificata come Majorana si trovasse in Venezuela negli anni 50-60. Era stata solo un'ipotesi, non c'era niente di concreto, però pare che questo bastasse per aprire un'inchiesta, che infatti venne aperta. L'inchiesta si è conclusa nel 2015 e l'unica cosa che ha portato è appunto una presunta identificazione, ma non provata, con un personaggio che viveva a quel tempo in

Venezuela, lasciando un po' tutti con la bocca amara dopo 4 anni di indagine, arrivare ad un esito così incerto non fa molto piacere, quindi si può dire che nessuno a oggi è in grado di rivelare quale fosse veramente il tipo di sorte toccata a Ettore Majorana. Ci fu qualcuno come Leonardo Sciascia, che avanzò un'ipotesi alternativa, disse che probabilmente Majorana si era nascosto in un convento e che in un convento non lo avrebbero mai trovato, motivato dal fatto che secondo i patti lateranensi del 1929, le forze dell'ordine italiane non possono entrare nei conventi, in quanto territorio straniero, come in questo caso il Vaticano, per cui le indagini delle autorità italiane si fermano sulle porte dei conventi. Questa era soltanto un'ipotesi, che tra l'altro Sciascia ha espresso in un suo libricino, che qualcuno addirittura ha definito un romanzo, ma leggendolo non si può definire un romanzo, diciamo che è un'esposizione dove lui avanza l'ipotesi che Majorana si sarebbe rifugiato in un convento.

Si può anticipare oggi un annuncio inaspettato, che probabilmente tra poco, qualcuno tirerà fuori una nuova ipotesi su quello che accadde veramente a Majorana, un'ipotesi non soltanto teorica ma supportata da alcune prove, sulle quali, chi di dovere ne trarrà le conclusioni.

Bisogna dire anche un'altra cosa, Pelizza è anziano, persona corretta e onesta, personaggio dal carattere sincero, pur avendo avuto un passato burrascoso, non vi è stato mai alcuno che conoscendolo in maniera diretta o indiretta ne abbia parlato male e questa è una cosa strana, perchè di solito ognuno di noi ovviamente lascia una certa impressione sugli altri, che possono giudicare positivamente oppure negativamente, dipende sempre dalle opinioni, però è difficile che quasi tutti possano pensare allo stesso modo di un determinato personaggio, su di lui i pareri sono abbastanza univoci.

Che cosa ha fatto: Negli anni 2000, senza specificare esattamente l'anno che ne consentirebbe l'identificazione del Presidente del Consiglio, Pelizza ha mandato un suo rappresentante, che poi è un commercialista, a Palazzo Chigi, offrendo la sua collaborazione per sviluppare a distanza di tanti anni, ricordando che questo caso viene fuori nel 1976, offrendo tutta la collaborazione, purchè il progetto rimanesse esclusivamente in Italia e che il Governo italiano usufruisca unicamente di questo progetto. La risposta è stata, "no grazie", il Presidente del Consiglio ha esaminato la richiesta e ha esaminato il dossier che l'accompagnava, ma lo ha restituito con molta cortesia all'interessato, dicendo che non se ne sarebbe fatto niente e che non volevano coinvolgimenti in questa storia, per cui il discorso anche questa volta con il Governo italiano si è concluso senza una apparente giustificazione.

Tra l'altro c'è da dire che tutte le cose qui raccontate, sono state presentate in alcune trasmissioni televisive, ad esempio la prima volta è stata nella trasmissione Mistero su Italia Uno e i responsabili della trasmissione Mistero mi hanno chiesto di essere intervistato all'interno della redazione del giornale di Milano, dove io avevo lavorato, il direttore aveva accettato, per cui sono stato intervistato da loro nella redazione e ho raccontato tutta la storia di ciò che era successo. La trasmissione andata poi in onda è stata molto seguita, tra l'altro, dopo mesi senza avere contatti, ho ricevuto una telefonata da parte dello stesso Pelizza che mi ha ringraziato per l'onestà con cui ho esposto l'argomento, perchè purtroppo in queste cose se si è disonesti, con argomenti così eclatanti è facilissimo imboccare delle strade ambigue nel raccontare, nell'esagerare, al contrario ho cercato di mantenermi su una strada di correttezza, raccontando soltanto i fatti per quello che erano, senza aggiungere ne togliere niente, dicendo semplicemente come stavano le cose. Questa trasmissione, probabilmente anche in base agli articoli che io avevo pubblicatto nel 2010, incuruiosirono un regista e produttore svizzero, Victor Tognola, titolare della Frama Film International di Lugano, il quale mi ha contattato e mi ha chiesto di fare un film documentario per conto della RSI, cioè per la radio-televisione svizzera proprio sulla storia che nasceva dalla mia inchiesta, sulla macchina che produce energia. Il film è stato preparato nel corso del 2013, è stato terminato nel 2013 e nel 2014, precisamente il lunedì 18 agosto alle 23:20, quindi in terza serata, la RSI ha mandato in onda il film "La macchina venuta dal futuro". Si tratta di un documentario di 80 minuti, che ognuno se vuole può andarselo a vedere, perchè la RSI lo ha messo nel proprio sito per cui chiunque ovunque nel mondo lo può vedere.

Ci sarebbe solo da domandarsi per quale motivo un film così interessante sia stato mandato in onda a un ora così penalizzante, mandandolo in terza serata, in pieno agosto in Svizzera, quando mezza popolazione è in vacanza e l'altra metà dorme, forse speravano che non lo vedesse nessuno. Io allora che cosa ho fatto, lo ho promosso su FB, indicando il sito della RSI, e soltanto nei primi giorni vi sono stati almeno 100.000 contatti che sono andati sul sito, per cui la cosa alla fine non è stata tenuta nascosta.

Veniamo quindi alla parte finale, a quella che è la conclusione, riguardante la parte conclusiva di Rolando Pelizza, Pelizza oggi è una persona che ha un carico di responsabilità notevole sulle spalle, perchè vorrebbe dimostrare che il suo rapporto con Ettore Majorana c'è stato, che Ettore Majorana è veramente il progettista e il costruttore di questa macchina e che appunto grazie all'appoggio del Vaticano, Ettore Majorana, sarebbe riuscito, (usando ancora il condizionale fino a quando non si hanno le prove su questo non si può affermare ancora nulla) per tanti anni a nascondersi in un convento fino alla fine dei suoi giorni. Pelizza vorrebbe dimostrare che almeno fino al 2001 Majorana era vivo, fra non molto quindi si dovrebbe ottenere la presentazione concreta di questa ipotesi, in questo caso si svelerebbe finalmente quale è stata e perchè è stata fatta la scelta di Ettore Majorana.

Qui si parla di Produzione di energia elettrica a costo zero, non solo, di macchinari di ridottissima dimensione, presumendo che si possa sviluppare una macchina più grande per ottenere un risultato maggiore, oppure riducendone ulteriormente le dimensioni per poi essere eventualmente introdotta su altri macchinari o auto, questi potrebbero funzionare praticamente per sempre. Tenendo presente che un grammo di ferro annichilito, produce un'energia pari a 15.000 barili di petrolio.

Di conseguenza si potrebbe ipotizzare il crollo dell'economia basata sull'energia ora in uso, pensando che la Russia ha un'economia basata al 50% su petrolio e gas, oppure gli Stati Uniti che ne sono basati al 30% è ovvio che questa tecnologia avrebbe un impatto tale, che non sarebbe possibile affrontarne lo sviluppo con una società privata. Per cui soltanto dei Governi, potrebbero in effetti gestire una cosa di questo genere.

La Fondazione citata nell'articolo aveva provato una strada del genere, non certo Pelizza, ma la Fondazione non disponeva di quella tecnologia, anche se dichiarava il contrario.

Pelizza è stato un allievo di Majorana, secondo la storia che lui stesso racconta, incontrò Majorana nel 1958 in un convento del sud-Italia, allora aveva vent'anni, Majorana invece ne aveva 52, in quell'occasione i due simpatizzarono e Majorana gli avrebbe offerto di diventare il suo maestro, quindi di insegnargli le regole di una nuova fisica, che noi attualmente non conosciamo. Questa è la storia che ci viene tramandata.

La persona che frequentava la cerchia di Pelizza si sarebbe appropriato della documentazione ma non della tecnologia, sapeva come funzionava la tecnologia ma non ne era in possesso, per cui soltanto su quello riuscì in effetti a fondare quella struttura privata.

Sperando, così facendo, che prima o poi sarebbe riuscito ad avere accesso a quella tecnologia.

Questa Fondazione aveva creato una vera e propria rete di vendita, avendo degli agenti che andavano a contattare le grandi acciaierie per ottenere gli scarti di metallo per poi dimostrare di essere in grado di distruggerli. Questa può essere una delle spiegazioni logiche che si possono formulare, oppure si può dire che avessero rubato la buona fede di qualcuno che aveva messo del denaro per finanziare questa Fondazione, certo è che qualcuno ha perso un sacco di soldi.

Pelizza infatti ci tiene moltissimo a chiarire che lui con la Fondazione non ha assolutamente nulla a che fare. Ora Pelizza sta cercando di dimostrare la sua verità, cioè che lui è stato veramente allievo di Ettore Majorana, che ha veramente ricevuto le nozioni della nuova fisica e che la macchina è stata progettata e costruita dallo scienziato scomparso, questo è quello che lui attualmente si prefigge di fare.

Sicuramente è un discorso personale, infatti lui ci tiene moltissimo ad essere creduto come persona rispettabile, tenendo presente che tutto quello che è stato detto fino a oggi lo ha danneggiato e costretto a ricostruirsi la reputazione dimostrando che lui diceva la verità.

Pelizza ha sempre collocato l'utilizzo della macchina e della sua tecnologia esclusivamente a scopo umanitario, nello sfruttamento di questa per scopi civili e medici, considerando il discorso della trasformazione della materia, se la macchina venisse usata a livello medico, teoricamente si potrebbe trasformare ad esempio un cancro in acqua, tenendo anche presente che l'uso dei positroni in chirurgia già avviene tramite bombardamento cellulare.

Riferimenti al "Raggio della Morte" considerando il ventennio fascista, nel quale risulta che il termine Raggio della Morte compare per la prima volta in esperimenti di cui la stessa moglie di Mussolini è testimone, esperimenti effettuati da Guglielmo Marconi.

In effetti si tratta di una diversa tecnologia di cui parlò la moglie in un suo libro e riferito dallo stesso Mussolini in un'intervista al giornalista Bonomi, spiegando che Marconi ne aveva parlato anche con lui di questa sua invenzione, che consisteva nel fatto che era in grado di lanciare un raggio elettromagnetico in grado di colpire anche degli aerei in volo, mandando in tilt qualunque tipo di motore che usufruisse di un impianto elettrico, in pratica l'impianto elettrico colpito dal raggio che emetteva il congegno di Marconi smetteva di funzionare, per cui se fosse stato un'aereo sarebbe precipitato, quindi un vero e proprio raggio della morte. Pare che le cose siano andate in questo modo; Marconi venne preso da una fortissima crisi di coscienza, ne parlò con il Papa, Pio XI, il quale lo consigliò dicendo in sostanza; "vuoi essere ricordato come inventore della radio oppure come assassino di massa?" A questo punto Marconi riflettendo su questa frase e sulle possibili conseguenze pare che distrusse i progetti prima di morire.

Viene usato il termine "Raggio della Morte" anche per altre invenzioni, ad esempio un'invenzione di Tesla, teoricamente in grado di distruggere ad ampio raggio, ma comunque anche in questo caso, dopo la sua morte l'FBI raccolse tutto il materiale, lanciando il segreto di stato su qualunque attività di Tesla e nessuno ne seppe più niente, quello che conservano i servizi di intelligence nessuno lo può sapere.

Sempre a proposito di Nikola Tesla è anche interessante il discorso dell'auto che costruì e che era in grado di funzionare per via dell'energia elettromagnetica nell'aria, e soprattutto di produrre tramite la trasmissione di questa energia come energia libera ingenerata.

In Svizzera pare ci sia un CNR che ha sviluppato un acceleratore a positroni per impieghi medici.

Vi è anche un progetto denominato Atena al CERN di Ginevra che è già stato in grado di trasformare o generare degli anti-atomo di idrogeno, quindi ottenendo questo fenomeno, anche se di quantità estremamente limitate, ma non solo, il costo di produzione, come spiegato da un fisico, è maggiore di quello che si ottiene, di conseguenza se il risultato è inferiore alle aspettative è chiaro che non conviene. In linea teorica e pratica si è già ottenuto un fenomeno di anti-atomi, quindi non vi è nulla di fantascientifico o impossibile sotto questo punto di vista, solo che bisognerebbe impiegare macchinari enormi per poter produrre questi anti-atomi in maniera soddisfacente. La macchina di Majorana al contrario è di ridotte dimensioni, al cui interno vi sono degli assi, questi assi sono collegati a dei motorini, esattamente 5 motorini, l'energia che consuma questa macchina è soltanto quella dei motorini, per cui la macchina viene alimentata da una normale batteria a 12V, ed è l'unica energia che consuma. E' stato fatto osservare da professori di fisica, che per come la conosciamo noi è impossibile ottenere un risultato così ampio, come quello di disintegrare un grammo di ferro rispetto all'energia che viene impiegata per la produzione dalla macchina.

Parlando con il noto professore emerito dell'Università di Pavia prof. Ratti, mi è stato spiegato che una cosa di questo genere, qualora diventasse un'esperimento ufficiale, avrebbe bisogno di tutta una serie di dispositivi, ad esempio una cappa aspirante per l'annichilazione della materia, causa eventuale pulviscolo inalato dall'esecutore dell'esperimento.

I logaritmi della macchina: Noi non possiamo concepire una macchina che si comporti come un qualcosa di vivente, la nostra fisica non arriva a tanto, neanche per capire quali possano essere le probabili conseguenze dell'esistenza di una macchina artificiale che in quanto tale possiede un logaritmo compatibile a un'essere vivente, ad ora impossibile da definire con l'attuale tecnologia.

Dichiarazioni di esperti asseriscono che non esiste annichilazione della materia senza emissione di raggi gamma, quella che avviene ad esempio nelle esplosioni atomiche distruggendo qualunque cosa, quindi bisogna chiedersi come mai in questo caso quando avviene l'annichilazione non vengono emessi raggi gamma nella trasformazione da stato solido a stato energetico.....per la fisica odierna non può esistere.

Nel corso dei secoli vi sono state delle trasformazioni epocali, se pensiamo dall'800 al 900 che cosa è successo, come dal 900 al 2000, per cui che il mondo progredisca o qualche mente brillante riesca ad accedere a tecnologie che fino ad oggi sembrano assolutamente fantascientifiche non è affatto da escludere. Semmai vi è il timore che qualcuno per ragioni economiche si conservi nel cassetto progetti di questo genere, per poi applicarle quando lo riterrà più opportuno.

Il professor Clementel dopo aver stilato il protocollo, lasciò anche un'alta documentazione, firmò e compilò direttamente di mano sua la relazione conclusiva con la quale si diceva che la macchina era in grado di sviluppare una tecnologia che "fino ad oggi non conosciamo", notevolmente superiore alle aspettative ecc. ecc.

Fino al momento in cui il professor Clementel ebbe

un'ictus morendo molto presto.

Prima è stato allontanato in modo sospetto, al riguardo si ha una testimonianza di quello che è successo al prof. Clementel, di una sua allieva che era studentessa di fisica all'Università di Bologna, che seguì parzialmente la sua storia e disse che Clementel a causa dei suoi dissapori con il "Palazzo", entrò in conflitto con il governo su questioni non risaputе ma intuibili e a conseguenza di questo subì tantissimi "problemi"; perse la presidenza del CNEN, ebbe problemi molto seri con l'Università e alla fine , forse non a caso, gli venne un'ictus e morì. Così è scritto nell'articolo che questa professoressa pubblicò.

Vi sono dei video fatti da persone sempre della cerchia di Pelizza, che mostrano la ricostruzione della macchina pezzo per pezzo tramite computer, un'assemblaggio computerizzato che fanno conoscere nel dettaglio i singoli componenti della macchina, ma il problema è la formula, quello è il vero punto, nel senso che dei 5 motorini bisogna conoscere la velocità di rotazione e quando si devono fermare, insomma tutte le varie regolazioni. Ci sono una serie di potenziometri che stabiliscono velocità e scatto dei motorini e quanti giri devono fare prima di fermarsi, perchè soltanto in una certa posizione in sincronia fra di loro in un preciso momento si sviluppa questa energia di positroni.

Questo è quello che a grandi linee viene spiegato, in pratica tutto è combinato in base al tipo di materiale da trattare, derivante da un codice matematico predeterminato, tantè vero che Pelizza aveva bisogno di questi calcoli per poter tarare la macchina per sviluppare la messa a punto.

ANNICHILIRE LA MATERIA:

In fisica l'antimateria è la materia costituita da antiparticelle, corrispondenti per massa alle particelle della materia ordinaria, ma aventi alcuni numeri quantici di segno opposto.

Quando una particella e un'antiparticella vengono a contatto si assiste al fenomeno dell'annichilazione, trasformazione della materia in radiazione elettromagnetica sottoforma di fotoni ad alta energia - raggi gamma.

31 L' ENERGIA PROIBITA

Pelizza quando si rese conto che iniziava a interloquire con diversi rappresentanti di una certa importanza scientifica, politica e militare, decise di raccogliere tutti i documenti di cui era in possesso e di conservarli , affinchè si potesse conservare un'archivio da cui all'occorrenza trarne le informazioni richieste, ed è quello che ha fatto, incaricando Alfredo Ravelli, di raccogliere negli anni tutti i documenti che gli potevano interessare, tanti documenti, migliaia di documenti, ad ora ci sono 26 faldoni di documenti che appartengono alla ditta di Rolando Pelizza, tutto ciò che Rolando Pelizza ha fatto, le persone che ha conosciuto e soprattutto le persone che hanno avuto un certo peso in questa storia. Quindi si può parlare tranquillamente di archivio Ravelli, dove si raccontano fatti realmente accaduti e che sono documentati.

Ad'esempio, uno di questi, Carlo Tralamazza, docente informatico di Bellinzona in Svizzera, che era il responsabile del CICAP Svizzero.

Altro punto che viene affrontato nei documenti, è la questione della Calabria, perchè Pelizza non ha mai rivelato in quale convento fosse nascosto Ettore Majorana, ma il fatto che Tralamazza dica che è in Calabria fa supporre che molto probabilmente si stia parlando dell'eremo di Serra San Bruno.

Ben sapendo che in riferimento a ciò, nel 1984 Giovanni Paolo II ha visitato l'eremo di Serra San Bruno, dicendo pubblicamente durante il suo incontro con i frati, sia con il pubblico presente, che il posto in cui si trovava, aveva ospitato l'illustre nome di Ettore Majorana. Naturalmente fu subito sconfessato dai frati che negarono tale ipotesi.

In effetti basta che uno entri in questo contesto e il nome viene perso, tanto che Ettore Majorana quando sparì, la madre che si chiamava Dorina Corso, si rivolse anche al Papa Pio XII, chiedendo di sapere almeno se suo figlio avesse scelto la strada conventuale.....non ebbe mai risposta, il che potrebbe essere tradotto con; il chi tace acconsente, quindi probabile che lo sapessero ma che non lo volessero comunicare ufficialmente.

Per quanto riguarda i documenti che stanno alla base di alcune informazioni fino al 1990, ne va ricordato uno per far capire come fosse conosciuto l'argomento all'epoca: Questa è la lettera che il dottor Massimo Pugliese, ex tenente colonnello del Sid (Servizio Informazione Difesa), che era il servizio segreto militare dell'epoca, tra gli anni 70 e 80. L'aveva indirizzata all'allora presidente del consiglio dei ministri, onorevole Francesco Cossiga, la lettera è del 79 e così dice:

"Onorevole Presidente, forse non sarei uscito dal mio riservo neppure per esprimerle i miei rallegramenti e formularle i miei auguri di successo del nuovo incarico, se un problema di eccezionale importanza, al quale mi sono consacrato per cinque anni, non fosse giunto finalmente alla sua attenzione.

Lasciato il servizio nel 1971, convinto che l'Organizzazione alla quale appartenevo non avrebbe potuto superare la crisi in breve tempo, venni in contatto quasi subito con alcuni operatori che risultarono in possesso di un sistema capace di provocare effetti straordinari e spaventosi.

Ne diedi subito notizia al Generale Santovito, con il quale sono sempre rimasto in contatto, e per cinque anni ho seguito la questione con lo stesso impegno, la stessa tenacia e gli stessi sentimenti con i quali avevo lavorato nel servizio informazioni.

Desidero che ella sappia, signor Presidente, che tutto ciò mi è costato moltissimo, in termini di lavoro, di tempo, di denaro, di sacrifici e di rischi di ogni genere. Certo più alto del mio è il prezzo pagato dal geometra Piras, che si interessò alla questione su mia proposta...

Desidero rassicurarla che ho agito secondo i miei principi di sempre, con onestà e franchezza, sempre anteponendo l'interesse generale a quello mio personale, ed è appunto in obbedienza a questo principio che mi sono sempre astenuto da qualsiasi azione a tutela del mio interesse, attendendo - sono ormai due anni - che le autorità governative italiane intervengano responsabilmente e con la necessaria decisione.

Più volte, soprattutto nel settembre del 76, memore della benevolenza che ella mi aveva sempre dimostrato e fiducioso nelle sue doti di carattere, segnalai al gruppo detentore l'opportunità di affidare alla Signoria Vostra la guida dell'intera operazione: non fui ascoltato ed il gruppo adottò altre scelte.

Ella giunge ad altissima carica nel momento in cui tanto io, quanto il geometra Piras, abbiamo toccato il limite della resistenza...

Il miglior augurio, Onorevole Presidente, che io possa formulare per lei personalmente e per il Governo che lei presiede è appunto di risolvere favorevolmente e rapidamente una questione che consentirebbe all'Italia di uscire in modo definitivo dalla stretta che il problema energetico procura ogni giorno in maniera più grave. Superfluo dirle, Onorevole Presidente, che sarebbe per me motivo di gioia poterle illustrare gli aspetti più interessanti e poter collaborare per la positiva definizione della ingarbugliata vicenda."

Massimo Pugliese.

Massimo Pugliese agente segreto del SID era il socio di Pelizza nella società Transpraesa, che aveva come interlocutore, prima il Governo italiano, poi il Governo statunitense e poi il Governo belga.

32 CHI HA PAURA DI MAJORANA?

Chi ha paura di Majorana e per quale motivo oggi non si può parlare di Majorana senza incappare in qualche tipo di censura, oppure addirittura finire nell'ignavia assoluta?

Se si dice che Majorana era in vita dopo il 1938, se si dice che quest'uomo aveva ancora davanti a sè diversi anni, una mente di quel genere, che cosa poteva far nascere, di che cosa si poteva interessare, quale sconvolgimento avrebbe potuto provocare nella fisica moderna?

Da qui, alcuni fastidi che attualmente alcune lettere emerse stanno provocando, purtroppo la libertà di stampa in Italia non è in una buona posizione, noi siamo in graduatoria al 72° posto.

Dal 2008 conseguentemente alla crisi che ha colpito particolarmente l'Italia con Governi al potere non eletti, il nostro Paese ha perso 24 posizioni, quindi in graduatoria siamo attualmente tra la Moldavia e il Nicaragua, giusto per capire come funziona la libertà di stampa in Italia.....ai primi posti risultano Finlandia, Norvegia e Danimarca.

Affrontiamo ora il discorso delle lettere di Majorana: Tra il 2014 e il 2015 improvvisamente un giorno Pelizza mi ha convocato a Verona facendomi vedere delle lettere, dopo averle lette una mi ha colpito, datata

1964, visto che è scomparso nel 1938 e se la lettera fosse stata vera, voleva dire che questa persona non era completamente scomparsa ed era ancora in vita da qualche parte.

Subito non ho voluto prendere in considerazione questa lettera e neanche le altre, chiedendo che fossero prima periziate, dicendo che quelle lettere dovevano passare l'esame di un perito grafologo giudiziario, questo perito grafologo avrebbe dovuto accertare se si stava parlando della stessa persona, avendo le lettere originali del 1938, quindi paragonate a quelle apparse dopo, si sarebbe visto subito se erano o non erano vere. La perizia grafologica giurata è stata fatta e ha accertato tutto quello che era scritto nella prima lettera, quella datata; Italia 26 Febbraio 1964, inviata da Majorana in occasione del compleanno di Pelizza, nato il 26 Febbraio del 1938. Anche a fronte di una perizia che dichiara la veridicità grafica di queste lettere, si ha comunque una certa remora, dal fatto di leggere una lettera di una persona data da molto tempo per morta, soprattutto di questa portata.

Pelizza ha inoltre chiarito che la Fondazione fu fatta negli anni successivi e che nel consiglio d'amministrazione di questa Fondazione c'erano nomi piuttosto conosciuti, come Emilio Segre, che faceva parte del gruppo dei ragazzi di via Panisperna, uno dei colleghi di Majorana all'epoca e Umberto Eco, anche lui facente parte di questa Fondazione. Questo è quello che dichiara Pelizza, peraltro riscontrabile nei documenti in essere ancora oggi.

Da alcune lettere emerge che Majorana nel 1964 era dal convento, in contatto con più fisici che sapevano della sua esistenza, quindi sapevano che lui non era morto, se la lettera si può considerare attendibile. Ulteriormente Majorana nel 1964 informa i fisici su come devono comportarsi per poter far parte di questa Fondazione, in questo caso, se fosse vero, vorrebbe dire che non erano pochi a conoscere questo segreto, il fatto è che nessuno lo divulgava, ma che ci fossero diverse persone che ne erano a conoscenza sembra assolutamente palese.

Altra questione affrontata nelle lettere è quella relativa all'utilizzo della macchina, che assolutamente non deve essere ceduta come strumento bellico, questo di conseguenza porterà ad infinite vicissitudini proprio al Pelizza da parte dei Governi, prima con quello statunitense e poi con quello belga.

LE PRIME 4 FASI DELLA MACCHINA:

Prima fase; Annichilazione controllata della materia....con video realizzati nel 1976 e con testimoni.

Seconda fase; Rallentamento dello SPIN della materia per far si che si surriscaldi...si può qui ipotizzare come esempio, il surriscaldamento di un serbatoio d'acqua, portando la stessa ad una temperatura voluta per poi essere distribuita, questo sistema potrebbe essere ad'esempio usufruito per riscaldare un'intero condominio praticamente a costo zero. Gli impieghi sarebbero molteplici.

Terza fase; Trasmutazione della materia....nel film-documento di Toniola si vedono oggetti trasformati in oro zecchino, l'esempio più eclatante è rappresentato da 5 franchi svizzeri, tra l'altro donati dal professor Carlo Tralamazza, che vennero trasformati in oro. Lo stesso Tralamazza fece tagliare in due la moneta per farla analizzare, ne scaturì che la moneta era di oro zecchino al 100%.

Come si sa non esiste l'oro al 100% allo stato naturale, ma questo è quello che sarebbe avvenuto.

Quarta fase; Traslazione della materia.....spostare da una parte all'altra la materia, come e in che modo?....Questa fase rimane ancora un'enigma.

La lettera è del 1964, secondo il racconto che fa Pelizza, soltanto nel 1992 , quindi 28 anni dopo, in effetti lui riuscì a far funzionare la macchina secondo questi dettagli.

Se si deve prendere per buona la perizia della Dottoressa Chantal Sala, la lettera è da considerarsi sicuramente autentica. In data 8 Aprile 2015 la Dottoressa Sala ha depositato presso il tribunale di Pavia, il verbale di giuramento della perizia stragiudiziale nella quale ella stessa si assume la responsabilità di tutto quello che ha scritto nella perizia....perizia giurata e depositata.

Le lettere sono assolutamente indicative per fare capire l'evoluzione che c'è stata nel corso degli anni, nel rapporto, o presunto tale che è avvenuto tra la figura di Rolando Pelizza e il presunto Ettore Majorana.

Ettore Majorana avrebbe dato a Pelizza un codice preciso, quindi un volume, con tutti i termini della nuova fisica, con tutti gli accorgimenti che avrebbe dovuto rispettare per arrivare ad un certo risultato.

Nel 1972 la prima macchina funzionante, Majorana scrivendo a Pelizza si riferisce a un danno che il proprio allievo avrebbe provocato sul Monte Baremone in provincia di Brescia durante una prova, quando utilizzando la sua macchina avrebbe disintegrato un intero costone di roccia.

Nel 1976 Pelizza è stato colpito da tre mandati di cattura internazionali, ha avuto diversi problemi, è stato latitante, insomma ha passato veramente molte persecuzioni.

Tutto questo è perfettamente documentato, perchè tra i documenti dell'archivio Ravelli c'è tutta la documentazione tra il Dipartimento di Stato Americano, con tutte le lettere in inglese firmate con nomi e cognomi e indirizzate dal Dipartimento di Stato a Pugliese o a Pelizza, ma non solo, anche da parte dell'inviato del Presidente Ford, Matthew Tutino, che venne inviato direttamente dalla Casa Bianca a Roma per parlare con Pelizza e per trattare un'eventuale adesione alla sua società, ebbene tutta questa documentazione esiste e ve ne sono copie, quindi ci sono prove concrete.

Alcune di queste lettere fin dall'inizio furono scritte da Majorana non tanto per Pelizza, ma ad uso e consumo dei posteri, per qualcuno che in un secondo tempo avrebbe avuto queste lettere e in seguito avrebbe dovuto verificarne la veridicità.

2 Maggio 1980 Majorana chiede a Pelizza se ha presentato al Dottor Antonio Mancini, (ex sottosegretario alla ricerca scientifica, poi all'istruzione e infine Console) la relazione dello stesso Majorana

sull'ozono, questo potrebbe significare, che se Pelizza da a Mancini una relazione firmata Ettore Majorana in data 1980, (relativa ai rischi connessi all'interferenza dell'uomo con gli strati alti dell'atmosfera) vuol dire che Majorana era ancora vivo nell'anno 1980, ma non solo, si può dire che era anche totalmente operativo.

Le lettere via via andranno scemando fino a quando non si arriverà alla data in cui ci sarà la morte di Ettore Majorana.

31 Marzo 1981, Fin da questa data si sarebbe potuto contare su un sistema che avrebbe potuto fare a meno del gasolio, ad esempio in uso nei condomini, per scaldare l'acqua, sarebbe bastato applicare questa nuova tecnologia peraltro comprovata anche in questo ambito dopo una reale prova, da una frase scritta dal dottor Mancini, presente in quel frangente, che annunciava...."L'inizio di una nuova era"....Firmata dalle quattro persone presenti alla prova.

Dopo varie prove e test della macchina esclusivamente per scopi ad utilizzo civile, vincolati quindi ad un uso pacifico e di benessere collettivo, nel 1981 i Governi interessati chiedono di riportare la macchina a condizione di arma di distruzione. La reazione dei Governi, esclusivamente interessati all'aspetto bellico della macchina ed al suo uso come arma di distruzione, è di fatto responsabile del mancato sviluppo della macchina nel senso di strumento di aiuto allo sviluppo dell'umanità ed alla salvaguardia del pianeta.

Da questo momento in poi Pelizza subisce pressioni sempre più forti, tanto che è costretto a trasferirsi da

Brescia a Barcellona, proprio per evitare i rigori della giustizia italiana e da quel momento la famiglia lo ha sentito regolarmente ma per pochi minuti telefonicamente per non farsi rintracciare. Ha avuto anche un periodo di latitanza, insomma ha passato un periodo molto difficile.

Arriviamo al 1993 dopo undici anni di latitanza di Pelizza, dove Majorana si complimenta con Rolando di essere, nonostante tutto, uscito indenne, portando al contempo avanti lo sviluppo della macchina, essendo i principi sviluppati da Majorana differenti rispetto a quelli propri della fisica tradizionale, lo scienziato si chiede come possa essersi realizzata compatibilità fra i calcoli di Tralamazza, operati attraverso un classico programma, fondato sul classico sistema matematico e le informazioni di cui necessita la macchina per funzionare.

Dalle lettere di Majorana si evince che la quarta e ultima fase riguardante la traslazione della materia, avesse avuto delle complicazioni nella fase attuativa da parte di Pelizza e di cui ancora non si è a conoscenza, ma che evidentemente qualche grosso problema fosse insorto.

Siamo nel 1996, Pelizza riferisce che da quel momento lui era sotto il controllo di servizi segreti, non dice di quale tipo di servizi segreti e di quale Nazione fossero, ma sosteneva comunque di essere sotto controllo.

Si fa menzione inoltre al Professor Recami, che è ordinario di fisica e struttura della materia all'Università di Bergamo ed è il maggior biografo di Ettore

Majorana, ha scritto un libro intitolato, " Il Caso Majorana ", che è in assoluto il libro più completo sulla vita di Ettore Majorana fin dal 1938, dove vengono prese anche in esame le possibilità sulla scomparsa di Majorana, vengono considerate tutte le ipotesi che vengono ponderate scientificamente, in pratica ha meticolosamente documentato tutto, diventando anche amico della famiglia, conoscendo molto bene la sorella, i fratelli e i nipoti, quindi la vera famiglia di Ettore Majorana, prendendo quindi in esame tutti gli aspetti della sua esistenza. Sembrerebbe da queste lettere che il presunto Majorana fosse perfettamente a conoscenza di colui che ha esemplarmente tracciato un quadro perfetto, sia dell'esistenza, sia della scomparsa, nella ricostruzione del Professor Erasmo Recami. Tra l'altro l'Università di Bergamo in suo onore, visto che è ancora in vita, ha pubblicato un libro di quasi 500 pagine con gli stralci delle opere del Professor Recami.

Majorana scrisse due lettere indirizzate al Professor Recami tramite Pelizza, raccomandando però che non venissero recapitate subito. La prima è del 24 Dicembre del 1996, la seconda è del 20 Dicembre del 2000, recapitate al Prof. Recami insieme.

La prima dichiarazione del Prof. Recami dopo aver letto le lettere è stata quella di aver riconosciuto subito la calligrafia di Majorana, non curandosi della perizia già fatta dalla Dott. Sala sulle altre lettere, pretendendone un'altra sulle lettere da lui ricevute, perizia poi eseguita in data 8 Maggio 2015, sempre a firma della Dott. Chantal Sala, che ancora una volta andavano a confermare l'esito positivo.

Il Prof. Recami sostiene che nonostante la calligrafia sia quella di Majorana e nonostante i contenuti, non riesce a riconoscere in queste lettere la persona che ha studiato e che si riferiva agli anni trenta, quindi il personaggio degli anni trenta vissuto dal Prof. Recami, a suo dire, non trova una similitudine nei modi descrittivi della lettera, nonostante la calligrafia. Il Prof. Recami quindi si riserva il giudizio, non riuscendo ad affermare che questa lettera sia assolutamente autentica e che provenga direttamente da Ettore Majorana. Questo è il suo giudizio non avendo prove a sufficienza per poter affermare che queste lettere provengano proprio da Majorana pur condividendone il pensiero, (in questo caso sul problema dell'ozono e del riscaldamento del Pianeta) di sua conoscenza e di conoscenza dei Governi, che sanno ma tacciono sui futuri cambiamenti climatici.

Nel 2000 la macchina ormai non è più un mistero, dopo tanto tempo si conosce, molto probabilmente anche dal Priore del convento da dove Majorana scrive.

Per il bene di Pelizza ma non solo, se la macchina non può essere usata per i fini per cui è stata ideata Majorana opta per la distruzione delle formule.

Le lettere sono tutte autenticate da Majorana nel 2001 pagina per pagina come se dovessero finire nelle mani di qualcuno: " Io, Ettore Majorana in data odierna dichiaro di avere autenticato come conforme all'originale numero 3 fogli datati inizialmente - Italia 20/12/2000 - in fede, Ettore Majorana.

Arriviamo dunque all'ultima lettera di Majorana del 7 Dicembre 2001, dove in effetti arriva l'autorizzazione a Pelizza di rivelare l'identità di Majorana stesso, compreso i motivi della scomparsa.

Riferendosi anche alla scelta differente sullo studio della fisica di Enrico Fermi.

In questo caso Majorana sosteneva che Fermi, come la scienza in quel momento, avesse intrapreso una via che portava a violentare la natura, infatti la bomba atomica è di fatto una reazione contro natura.

Secondo Majorana si poteva arrivare agli stessi risultati, con effetti anche più catastrofici, ma senza violentare la natura.

"Credo che questa sarà una delle mie ultime lettere che riceverai da me, per questo desidero che sia un po' anche il mio testamento spirituale. Da subito voglio riconoscere i tuoi meriti nello sviluppo delle mie teorie, essendo riuscito a capire e a realizzare la macchina, che ora è finalmente funzionante, dopo ben 228 tentativi falliti. Correva l'anno 1972, poi hai continuato per tanti anni, superando molteplici inconvenienti la cui natura ci è ben nota. Comunque per tutto quello che hai affrontato, grazie Rolando mio unico vero discepolo e collaboratore. Qui voglio in modo particolare riconoscere il tuo comportamento da gentil'uomo pur di mantenere la parola data, sempre coerente e rispettoso della mia volontà di tacere il mio nome, da allora sono passati più di qurant'anni e desidero che tu sia il mio portavoce.

Da ora, se lo riterrai opportuno sei libero di usare il mio nome, di divulgare i nostri rapporti, gli scritti e le

fotografie, se lo farai ti prego di rivelare i veri motivi che mi hanno spinto nel 1938 ad allontanarmi da tutti per dedicarmi allo studio, nella speranza di arrivare in tempo per poter dimostrare al mondo scientifico che esistevano alternative importanti e senza pericoli".
Qui si riferisce alla scienza che in quel momento veniva studiata da Enrico Fermi e dal suo gruppo, come già descritto, Majorana poteva arrivare alle stesse conclusioni ma in maniera più dolce e senza devastare la natura.
"Purtroppo tu ben sai che non sono arrivato in tempo pur avendo alternative migliori che a tutt'ora non sono servite a nulla, riservati l'ultimo segreto, dove e come mi hai conosciuto, il luogo e i fratelli che da sempre mi hanno segretamente ospitato. Ti ringrazio nuovamente per aver sacrificato la tua vita
per assecondarmi, ti prego di non andare oltre.
Il tuo Ettore."
Questa è l'ultima lettera di Ettore Majorana a Rolando Pelizza.
Anche in questo caso Ettore Majorana nella pagina successiva, dice con una dichiarazione che i documenti originali li aveva Pelizza, le copie venivano autenticate da Majorana.

33 LA SCOMPARSA E LE IPOTESI LETTERARIE

Il libro "La particella mancante" del Professor Joao Maguiejo, che insegna teoria della relatività generale all'Imperial College di Londra. Questo signore nel libro dice di essere convinto che il motivo per cui Majorana è scomparso dalla circolazione nascondendosi, è stato semplicemente perchè aveva scoperto il segreto della materia, e visto che lui insegnava all'Università di Napoli, come ordinario di fisica quando è scomparso, avrebbe avuto paura che trasmettendo il suo insegnamento, prima o poi avrebbe suo malgrado rivelato informazioni riguardanti la materia, dovendone poi dare spiegazioni su questa branca della scienza che lui non voleva si conoscesse.

Vi è poi un libro scritto anche da Caprarica, noto giornalista corrispondente da Londra per la RAI, un romanzo del 1986, dove vi è un riferimento molto singolare, in particolare un capitolo dove racconta con nomi e cognomi di tutti i protagonisti, compreso quello di Andreotti, la storia di Pelizza e della macchina, raccontando praticamente tutto. Naturalmente inserendo il materiale all'interno di un romanzo non vi ha fatto caso nessuno.

Un'altro piccolo libro, di Fioravante, parla di Majorana come di un frate che sarebbe morto in Campania e che avrebbe aiutato molte persone, anche lui molto bravo in matematica e poi morto di stenti, una delle tante figure associate a Ettore Majorana.

Nel 2011 la Procura di Roma aprì un'inchiesta su Majorana in Venezuela, a seguito di alcune dichiarazioni di una persona che lo avrebbe conosciuto, dove poi è emerso che non vi era nessuna corrispondenza. Tuttavia la Procura per solerzia e per correttezza ha aperto questa inchiesta mandando in Venezuela Carabinieri del reparto investigativo, senza peraltro rilevare prove concrete.

C'è un'altra storia ancora più singolare che viene trattata nel libro "IL raggio della morte", dove si parla di un finanziere che nel 1939 sarebbe entrato in possesso di una macchina che a distanza riusciva a riscaldare con un raggio invisibile degli esplosivi, i quali una volta riscaldati naturalmente esplodevano, la cosa arrivò fino a Mussolini che incontrò due volte, questo finanziere si chiamava Franco Marconi, niente a che vedere con Guglielmo Marconi. Misero a sua disposizione diversi mezzi per lo sviluppo, ma quello che attira l'attenzione su questo evento supportato da prove ed elementi è che questo personaggio ebbe diversi aiuti e finanziamenti, ebbe la possibilità di effettuare diverse prove con la macchina in suo possesso e che la stessa macchina aveva due elementi uguali a quelli adottati da Pelizza, oro e platino.

Pare che a guerra finita il comando della Guardia di Finanza, abbia fatto presente a questa persona di scordarsi gli esperimenti fatti. Il libro termina dicendo che probabilmente la macchina di cui si occupava questo Marconi finì in mano agli Americani nel 1945, anche se gli autori non ne possono essere certi. Scrissero comunque che dal 45 questo signore non si occupò mai più di questi esperimenti, la macchina scomparve e attraverso gli archivi della Guardia di Finanza ricostruirono tutta la storia, è veramente singolare che ci sia questa similitudine tra la storia di questo Franco Marconi e quella di Rolando Pelizza.

34 DIBATTITO

lo stesso Pelizza ha iniziato a parlare di Majorana alla fine degli anni 90, fino agli anni 90 infatti girava una voce, che era stata pubblicata su un grande giornale di grande tiratura in tutta Italia, dove si diceva che questa macchina sarebbe stata posseduta da un soldato tedesco in ritirata nel 45, e che questo soldato tornando verso la Germania si sarebbe fermato a Chiari in provincia di Brescia e avrebbe consegnato la macchina a un giovane del posto, perchè doveva scappare via e non voleva avere la macchina con sè, questo giovane sarebbe stato Rolando Pelizza.

Colui che ha scritto questo articolo, se si fosse soltanto documentato un pò, avrebbe scoperto che Pelizza è nato il 26 Febbraio del 1938, quindi nel 1945 aveva 7 anni.

Il ruolo dei servizi segreti:
A cui interessava esclusivamente il controllo materiale della macchina e non della provenienza della stessa, in base alla documentazione in possesso, anche perchè il nome di Majorana è venuto fuori solamente alla fine degli anni 90, certo fecero pressioni su Pelizza già dagli anni 70.
Pelizza oggi non ha più a suo carico nessuna pendenza giudiziaria e penale, la sua fedina è stata completamente ripulita, anche se restano tutte le

vicissitudini affrontate e che sicuramente hanno pesato sulla sua vita.

I piani di costruzione della macchina pubblicati sono in pratica il testamento spirituale di Pelizza, che dice; " Io fino ad ora sono arrivato fin qua, non sono riuscito ad andare oltre, a questo punto io pubblico tutti i dettagli della macchina finchè qualche volontario di buoni propositi sia interessato alla realizzazzione per fini pacifici".

Naturalmente le informazioni per il controllo della macchina saranno rivelate a parte una volta costruita la macchina, previa assicurazione dell'uso della stessa come stabilito fin dall'inizio della storia.

Non voglio ergermi a giudice della situazione e quindi esprimere giudizi su eventuali sentenze, non è questo il caso, il mio compito come giornalista era quello di seguire la storia e di far vedere quali sono i risvolti della storia, non quello di esprimere un giudizio sulla stessa.

Indagare su come Ettore Majorana scomparso nel 1938 sia vissuto almeno fino al 2001 producendo un macchinario di questo tipo e se questo è vero qualcuno dovrebbe perlomeno prendersi la briga di indagare e di vedere cosa c'è di vero.

Come giornalista spero di avere fatto la mia parte, di aver fatto vedere che questa realtà esiste, poi il giudizio deve essere espresso da chi legge e da tutti coloro che prendono conoscenza di una cosa di questo genere.

Rino Di Stefano

INFORMAZIONI E DOCUMENTI

35 "Antimateria, la Free Energy di Ettore Majorana".

Esiste una persona che è ancora in vita, il suo nome è Rolando Pelizza, (fonte comunicato stampa: "La verità su Ettore Majorana. Nasce una Nuova Scienza", a firma Pietro Panetta, Presidente dell' Associazione Internazionale Progetto Vita, sito web: progevita.com), che sostiene di aver conosciuto Ettore Majorana, "il Professore", da dopo 20 anni dalla sua presunta "scomparsa", a partire dall'anno 1958. E perfino di averlo in seguito frequentato sistematicamente, ma non dice esattamente dove.

(Nota dell' Autore: forse alla Certosa di Serra San Bruno, nei pressi di Lamezia Terme, in Calabria, come ipotizzato da Leonardo Sciascia nel suo "La scomparsa di Majorana?"). Già questa prima è un'affermazione così importante e clamorosa, che mi domando per quale motivo non sia ancora stata vagliata e verificata dalla Magistratura, la quale ha riaperto di recente l'indagine sulla presunta "scomparsa" (in Argentina?) di Ettore Majorana, al fine di fare luce completa, finalmente, sugli eventi accaduti.

Ma c' è molto di più: "Rolando Pelizza sostiene che Ettore Majorana, avendolo preso a ben volere, in quanto anch'egli era dotato di capacità matematica e di intelligenza scientifica, gli avrebbe trasmesso tutti i principi teorici di una nuova fisica, e che egli stesso Rolando Pelizza sarebbe stato messo in grado, da queste conoscenze scientifiche acquisite di Fisica teorica, ottenute direttamente da Ettore Majrana, di realizzare una macchina "fantascientifica" (chiamata attualmente "Raggio di Vita"), basata sull'antimateria, il cui fascio da essa generato, permette di trattare e modulare appunto l'antimateria, e sarebbe in grado di annichilire la materia attraverso la generazione di un enorme calore all'interno della materia bersaglio stessa…

" Ma qui si aprirebbe un altro capitolo importante e grave della vicenda: ovvero il fatto che una tale apparecchiatura, in grado di scatenare un' energia enorme, e direzionabile a fascio, e in grado di annichilire, ovvero disintegrare la materia stessa, si presterebbe anche ad essere impiegata come un'arma distruttiva micidiale… e nel proseguo vedremo che questo avrà delle implicazioni negative sugli sviluppi della vicenda…

Ma procediamo con ordine. Dirò subito che quanto affermato da Rolando Pelizza (riferito da Pietro Panetta), sarebbe del tutto coerente con molti dei particolari che a mano a mano abbiamo rivelato e riveleremo anche in seguito. Non sta a me giudicare, nel senso di dare pareri oggettivi, ufficiali e definitivi su tutta la vicenda, (anche se me ne sono fatta un'opinione personale che mi fa ritenere che sia verosimile…). Aggiungo soltanto che varrebbe la pena di verificare i fatti esposti da Pietro Panetta, in modo sistematico e ufficiale, anche nell'interesse della famiglia di Ettore Majorana che ha tutt'ora il diritto di conoscere la verità (se ancora non la conosce). Su quanto accaduto ad Ettore Majorana nell'anno 1938, ma soprattutto nell' interesse della comunità scientifica, che da sempre considera Ettore Majorana un Fisico e uno Scienziato di primissimo livello, forse il più importante del '900, che sarebbe stato sicuramente degno di un premio Nobel…

Naturalmente se questa nuova Fisica introdotta ed enunciata da Ettore Majorana, di cui parlano Rolando Pelizza, Pietro Panetta (e non solo loro…) fosse legata in particolare alla scoperta dell'antimateria, se venisse confermata, e se l'apparecchiatura sopracitata esistesse veramente, l'umanità farebbe un progresso enorme, poiché avremmo a disposizione

una nuova fonte di energia, economica, illimitata e pulita! Ovviamente se usata per scopi civili…
Quindi sarebbe soprattutto interesse dell'Umanità fare piena luce su tutta la vicenda!

"Già nei primi anni '70 la macchina Raggio di Vita, in grado come dicevamo di trattare e modulare l'antimateria, era già stata costruita da Rolando Pelizza, ed era funzionante!"

Mi rendo conto del fatto che al lettore questa possa apparire come una storia fantastica, ma direi proprio che le cose stanno in tutt' altro modo, sono reali! Molti sono stati infatti nel passato i diretti testimoni dei fatti descritti, e lo avrebbero potuto confermare se a loro richiesto. Anche nel presente ci sono ancora delle persone che sono state diretti testimoni di fatti e circostanze, e che hanno elementi per poter confermare quanto sopra descritto…

Ma come mai, allora, di questa incredibile invenzione "Raggio di Vita" fatta già nei primi anni '70, poco se ne é parlato? E soprattutto come mai le ricadute positive di questa nuova tecnologia energetica non ci sono ancora state? E per questo motivo continuiamo ad utilizzare combustibili di origine fossile che inquinano l'atmosfera (CO_2), facendoci ammalare, e mettendo a repentaglio la sopravvivenza dello stesso pianeta Terra, a causa del conseguente riscaldamento globale?

Cerchiamo di capire meglio.

Il testo che segue, che riporto integralmente, è stato tratto dal comunicato stampa "La verità su Ettore Majorana. Nasce una Nuova Scienza", a firma Pietro Panetta, Presidente dell' Associazione Internazionale Progetto Vita, scaricabile dal sito web progevita.com.

Rolando Pelizza racconta che "dopo 20 anni dalla sua scomparsa, avvenuta per sua volontà, Ettore Majorana lo conosce, e siamo nel 1958. (Nota dell'Autore: forse alla Certosa di Serra San Bruno, nei pressi di Lamezia Terme, in Calabria, come ipotizzato da Leonardo Sciascia nel suo La scomparsa di Majorana?) Ettore Majorana individua in lui un giovane dotato e portato per natura alla matematica, ciò che probabilmente cercava, e gli propose di collaborare con lui. Inizia così per Rolando Pelizza una lunga formazione di studi sulla Fisica e Matematica, il Maestro mano a mano trasferisce a lui tutte le conoscenze per portare a termine il suo progetto teorico, al quale già lavorava da molti anni.

Rolando Pelizza ha il merito non solo di aver appreso la conoscenza teorica, fisica e matematica, ma anche di aver tradotto la teoria in applicazione pratica. Infatti già nei primi degli anni '70 era in possesso di una apparecchiatura che avrebbe scatenato il mondo militare ad accaparrarsi quella che senza metafore sarebbe stata l'arma più potente del mondo, a costi irrisori. Ma Rolando e il suo Maestro (Ettore Majorana) non cercavano l'arricchimento personale, e mai e poi mai costruire un'arma; ma si erano impegnati con la convinzione di dare al mondo tranquillità di vita e benessere. Ecco dunque l'impegno di non permettere a nessuno d'impiegare questa nuova conoscenza a fini di distruzione di massa."

"A questo punto però entra in gioco un altro personaggio che avrà in tutta questa vicenda un ruolo di primo piano: Massimo Pugliese. Egli si era inizialmente presentato come consulente per il finanziamento e lo sviluppo d'iniziative di nuovi ritrovati applicativi; in realtà Rolando Pelizza seppe dopo che era Ten. Col. dei Carabinieri aggregato al SISDE in aspettativa. Tramite Massimo Pugliese viene coinvolta poi l' Ambasciata Americana in Roma con il Funzionario addetto John Louis Manniello, il quale chiede un esperimento che dimostri gli effetti sui vari materiali e possibilmente registrato su nastro magnetico. Questo avvenne successivamente con l'inviato personale del presidente Ford, Ing. Matteo Tutino, che esprimeva i complimenti per la monumentale scoperta e il grande interesse americano. L'accordo proposto era di creare una società con il Governo americano e Pelizza (allora chiamato

Gruppo Europeo) al 50%, valutata un miliardo di dollari.

Se non fosse stato possibile modificare la legge che vieta al Governo USA di partecipare in società private, sarebbe intervenuto un soggetto sotto il controllo del Governo americano. Pelizza era d'accordo e ribadiva la condizione che fosse necessario ultimare le ricerche che rendevano la macchina utile ad applicazioni pacifiche, escludendo tutto quanto fosse di natura bellica. Nel momento di concludere richiedeva, come prova ulteriore, di abbattere 5 satelliti in orbita, e consegnava l'elenco delle coordinate relative con l'aggiunta di poter usufruire della Macchina sia per fini pacifici che militari. A questa richiesta Pelizza si oppone con fermezza e tronca ogni trattativa.

Pugliese a questo punto si scatena, mandando rapporti e filmati a destra e a manca, informando politici italiani, agenti sia dei servizi italiani che stranieri, trattando e mettendo in circolo bozze di contratti, mai autorizzati, tenendo conferenze ed improvvisando discussioni di teorie scientifiche, ecc."

"Ma non solo Pugliese si dava un gran da fare: anche gli amici di Brescia, il cui numero si era ormai allargato, non perdevano occasione per proporre incontri e contatti. Così si arriva a Loris Fortuna, allora Presidente della Commissione

Industria, che all'inizio mostra grande interesse con roboanti promesse, finite nel nulla. Mentre tramava con Pugliese e si era intrattenuto anche con Tutino, ottiene di far dare al Prof. Ezio Clementel allora Presidente del CNEN l'incarico per la richiesta di una prova sperimentale su delle lastre d'acciaio fornite dallo stesso Clementel. Eseguite le prove gli vengono restituite le lastre trattate ed accompagnate dal filmato relativo, tramite Pugliese.

L'Ottimo Professore così concludeva: "Se l'esecuzione delle prove ha avuto luogo in maniera corretta...." scriveva prudentemente nella sua relazione, e quell'espressione "maniera corretta" si riferiva alla videoregistrazione in cui si vedeva che l'apparecchiatura dell'esperimento era alimentata da una modesta batteria, "...le potenze in gioco sono enormi...e i risultati dell'esperimento richiesto non sono ottenibili dalle tecnologie attualmente conosciute"; questo in una poderosa relazione consegnata all'allora Presidente del Consiglio dei Ministri. Tempo perso, ma non basta. Richiesta di un nuovo esperimento. Gli si fa presente che dato il periodo invernale la zona è inaccessibile a causa della neve. La risposta fu un ultimatum: se entro i successivi 15 giorni non si dava corso a quanto richiesto, ogni trattativa italiana era da considerarsi chiusa.

"Inizia così il rapporto con il Governo belga: primo, la richiesta di una prova sperimentale alla presenza di un loro esperto sui laser. Prova eseguita, con la relazione prodotta dall'esperto, che tra l'altro ere un Colonnello dell'Esercito NATO. In Belgio viene prospettato un accordo nel quale lo Stato Belga e una nostra società, che doveva essere una Holding Lussemburghese alla quale conferire i diritti di proprietà, costituivano una società mista al 50% ciascuno. Lo Stato Belga s'impegnava a finanziare quanto necessario per la continuazione della ricerca e avrebbe versato cinque miliardi di franchi belgi di allora a pagamento del 50%, subordinato alla riuscita di un esperimento da eseguirsi in Belgio.

Pugliese in questa trattativa viene, da noi, messo da parte. E manco a dirlo il Governo Italiano, come osservatore, dà incarico all'allora Ministro Plenipotenziario Antonio Mancini, grande persona per serietà, onestà ed umanità che ricordiamo con affetto e stima. Il Parlamento belga, per autorizzare il contratto, deve modificare cinque loro leggi. La stesura del contratto, in lingua francese, e sotto il controllo dell'avvocato dello Stato belga; da parte nostra affidiamo l'incarico ad un avvocato di Brescia che conosce la lingua, raccomandando i punti di assoluta priorità non negoziabili. Arriva il giorno della firma alla presenza dei cinque Ministri. Il Primo Ministro e

Pelizza firmano il contratto, segue il deposito, in cassetta di sicurezza, della documentazione tecnica presso la Banca dello Stato. La chiave la teneva il Direttore, il codice in cifra il Primo Ministro e Pelizza. Lo sblocco sarebbe avvenuto dopo il pagamento. A casa rileggendo con attenzione il contratto ci si accorge che i punti di assoluta priorità che non dovevano essere alterati sono espressi così: "i Ministri s'impegnano da gentiluomini a rispettare …", ma i Ministri non sono eterni e chi verrà rispetterà l'impegno?"

"Inizia un contenzioso con incontri: il primo nella residenza privata del Primo Ministro con l'avvocato dello Stato belga, Pelizza, Mancini e Panetta, dove si chiede di modificare quei punti che verbalmente erano stati accettati e, mentre si negava la possibilità di correggere il contratto, il Primo Ministro sfogliava il dossier nel quale s'intravedeva qualche foglio della documentazione depositata in banca. Se questo era vero significava che la cassetta di sicurezza era stata violata, non vi era certezza, ma il dubbio s'alimentava e si spiegavano anche certi atteggiamenti. Il diniego ricevuto induce Panetta, che rappresentava l'assoluta maggioranza della società, a chiedere udienza all'avvocato dello Stato Belga. Seguono diversi incontri convenendo alla fine quanto segue: l'avvocato dello Stato Belga concordava con il Primo Ministro telefonicamente in presenza di

Panetta, di dare corso agli esperimenti protocollati nel contratto, ma che in caso di esito negativo il contratto sarebbe decaduto automaticamente, rendendo libere le parti da ogni obbligo.

Questo costringeva a fare l'esperimento per non essere inadempienti; quindi si decide di dare corso all'esperimento con l'intento di non farlo riuscire.

Fissato il giorno dell'esperimento, il Min. Mancini con i Belgi organizza il trasferimento della Macchina da Chiari (BS) a bordo di un furgoncino scortato dalla Polizia politica in borghese, con destinazione Aeroporto Militare di Ghedi, dove veniva caricata su un aereo militare belga, a bordo del quale salivano Pelizza, Panetta, Mancini e un Professionista di Roma. Oltre ai piloti c'era il Colonnello belga che in precedenza assistette ad un prova sperimentale in Italia, e dalla cui relazione il Governo belga autorizzò il contratto, che gli valse la promozione a Generale. Destinazione zona militare di Braschaat, in Belgio. Arrivati, si chiuse la macchina, e le chiavi furono consegnate a Pelizza. Il giorno seguente, ad assistere alle prove del protocollo oltre noi c'erano il Generale belga, tre Professori di un Centro europeo, due ricercatori italiani tra cui Ezio Clementel, Professionisti della società, avvocati e altre persone che non furono presentate. Nell'angusto bunker, dove era stata posta la macchina, Pelizza avvia alcune prove fuori dal protocollo su materiali trovati nel locale e perfettamente riuscite. Con lui assistevano Mancini e Panetta, e si dava inizio alle prove. La prima, non contemplata, era di distruggere un carro armato. Era chiaro l'intento bellico, quindi si avvia la macchina con il comando di autodistruzione che provoca un gran polverone nel piccolo ambiente, ma nessun rumore, solo il naturale fumo per effetto della combustione dei materiali della macchina. Da lì a poco arriva l'Avvocato dello Stato belga con in mano la lettera di annullamento del contratto che consegnava al Presidente della Società, e intrattenendosi a parlare con Pelizza e Panetta esprimeva il piacere della conoscenza, aggiungendo "per Voi, quando volete, la porta è sempre aperta". Quella porta non fu mai riaperta. Nello sconcerto e delusione generale (aspettavano i soldi, circa 130 miliardi di lire di allora, e conoscendo la generosità di Pelizza già sognavano chi sa che) Clementel, che s'intratteneva a parlare con Panetta e senza farlo vedere esprimeva una celata soddisfazione, senza parlare del Min. Mancini che da grande servitore dell'Italia, riteneva che una tale scoperta dovesse essere prima Italiana e poi del mondo. A pensarci bene aveva ragione, la scoperta è solo opera di italiani. (Il Genio e la cultura del Sud con l'intelligenza e l'efficienza del Nord, ecco l'Italia unita; ndr). Si torna a casa lasciando i resti in

Belgio, nessuno dà più notizie, nessuno
si preoccupa di sapere cosa fosse veramente
successo; gli unici a preoccuparsi sono gli "amici"
di Brescia e altri faccendieri che s'inseriscono
in questo gioco al massacro.

Infatti, si seppe molto dopo che la parola d'ordine
che circolava fra loro era: "bisogna costringere
Pelizza a mollare la scatola, magari
facendolo arrestare"; questo più o meno il senso e
la scienza trattata ad involucro.
Invece Pugliese relazionava il "suo" Capo dei
Servizi esprimendo il suo convincimento che
bisognava costringere Pelizza a cedere la sua
invenzione e se necessario, procedere a farlo
arrestare.

Si percepiva un disagio, vi furono indagini fiscali e
giudiziarie e altre seccature, fino a costringere
Pelizza ad allontanarsi dall'Italia. Pugliese,
dopo qualche tempo, viene incriminato, con altri,
dal giudice Palermo. Dalle perquisizioni eseguite a
Pugliese rinvengono una montagna di
carte, relazioni e altro materiale che era solito
accumulare, tanto da coinvolgere Pelizza
costringendolo a una latitanza di 11 anni, con
l'accusa di aver costruito e posto in vendita
un'arma da guerra definita Raggio della
Morte proprio da chi ha rinunciato ad una somma

enorme per non aderire all'uso bellico della sua scoperta.

Non ci dilunghiamo oltre su questa meschina vicenda, ma non possiamo dimenticare il ruolo avuto dal caro amico Min. Mancini; diciamo subito che ci è stato vicino nel bene e nel male in modo disinteressato. Ha cercato sempre di essere utile, nel libro vi saranno tutti i dettagli. Pensando di trovare aiuto intellettuale ha presentato noti fisici, sui quali non commentiamo, mentre in particolare su un Professore che insegnava fisica subnucleare all'Università di Napoli ci soffermiamo un momento. Mancini e Panetta incontrano il Professore. Panetta illustra la costruzione dell'apparecchiatura dando delle spiegazioni sul principio. Per quanto a sua conoscenza, il Professore ascolta con interesse, e dopo circa due ore risponde: "vi ringrazio della fiducia, ho ascoltato con molto interesse quanto mi avete esposto, ma pur insegnando fisica subnucleare, su tale argomento mi trovo come un bambino alla prima elementare." Quest'incontro è stato illuminante, come può qualcuno conoscere una cosa che non ha mai studiato? Bastava pensarci prima.

"Tra le more di questi eventi Pelizza aveva completato parzialmente i calcoli per riscaldare la materia e proprio in presenza del Min. Mancini e di un Autorevole Professore l'esperimento in laboratorio riusci perfettamente. Anno 1981, "inizio di una nuova era" commentava il Min. Macini. Ma malgrado il forte interessamento da lui profuso, come incaricato del Governo italiano, subiva la richiesta che si doveva proporre ancora come esperimento il sistema distruttivo ad una commissione; invece come esperimento per riscaldare il materiale non vi era interesse a possibili trattative. Esattamente il contrario di quanto si voleva. Ecco che aumentano le azioni di carattere giudiziario, fiscale, controlli ed altro con il risultato di emissioni di mandati di cattura a Pelizza ed ai suoi collaboratori. Tutti completamente assolti."

"Lo diamo come anteprima: dalle prove fatte si evince che la materia trattata potrebbe raggiungere circa il 40% del suo punto di fusione senza nessuna usura o alterazione del materiale impiegato. Certo non si è pronti per una applicazione di tipo industriale, ma certamente si è sulla buona strada. Vi terremo informati. Prima l'effetto serra."

Su questo periodo ci fermiamo qui, altrimenti finiamo per scrivere mezzo libro.

"Su Il Giornale del 6 luglio 2010 compaiono due pagine dove una Fondazione di Vaduz dichiarava di essere in possesso di un processo simile al

nostro, che da oltre 10 anni qualcuno cercava di collocare. Ricompare un oscuro personaggio, anche lui collegato con Pugliese, che da anni cercava momenti di gloria scientifica e che già nel 2001 è stato da noi ammonito di smetterla, altrimenti avremmo preso le misure legali necessarie. Per smentire quanto era riportato, invece d'interpellare un altro media,
abbiamo chiamato l'articolista rappresentandogli la nostra verità. Inizia un fiume di telefonate, indagini su dove si trova o si trovava Majorana, spunta Cappiello e via dicendo. Esce su Il Giornale del 26 settembre 2010 un articolo a pag. 18 con un sottotitolo: 'Alcuni documenti provano gli esperimenti fatti dallo scienziato Clementel negli anni '70...' Clementel non ha fatto
nessun esperimento, ha valutato gli esperimenti fatti da Pelizza, da lui stesso richiesti. Perché creare equivoci, quando era stato detto in modo chiaro? E poi, che centra Cappiello? La smentita era soltanto per dire che la Fondazione non è la proprietaria, ma c'è chi lo è veramente. Il resto non c'entra. Quello che non si capisce è: a che serve questa disinformazione?
Danneggia chi scrive quanto chi legge."

Nasce una nuova Scienza.

"A volte si dice "non tutti i mali vengono per nuocere". Negli 11 anni di latitanza passati

all'estero, con disagi per lui e per la sua famiglia, Pelizza si concentra sul lavoro iniziando lo studio dei calcoli per mettere a punto il modello matematico che serve, poi, a regolare la sua macchina per intervenire e risanare il buco dell'ozono, il primo lavoro in calendario.
Questi calcoli trovano ultimazione non più tardi di pochi mesi fa. Perché tanto tempo? Semplicemente perché le decine di migliaia, o più, di variabili sono calcolati con carta e penna.

Si potrebbe ridurre enormemente questa fatica adottando un calcolatore. Si è tentato, ma i risultati forniti sono completamente sballati. Purtroppo, malgrado la potenza di calcolo degli odierni sistemi informatici, non sono utilizzabili con questa Nuova Matematica. I computer impiegati contengono nella CPU istruzioni matematiche anche di grande complessità, ma tutto si basa su quanto conosciuto oggi. Quindi non sono adatti a elaborare qualcosa che allo stato attuale non è documentato né conosciuto. Questo aspetto viene rivelato solo oggi, tutti coloro che si sono avvicinati a questa vicenda non conoscevano questo importantissimo particolare. Ciò ha preservato dai tanti furti di prototipi, in costruzione o completamente finiti, e dal loro impiego, come pure dalla diffusione dei disegni costruttivi, ormai quasi di dominio pubblico.

(Pugliese docet)".

L'Antimateria, questa sconosciuta.

"Cerchiamo in breve di far capire di cosa trattiamo: la macchina genera un'antiparticella che ha una durata di vita di 5 millesimi di secondo che alla velocità della luce raggiunge circa 1500 km. Si programma su un materiale, supponiamo ferro: il fascio a contatto con il ferro crea la reazione di annichilamento. Ciò vuol dire che abbiamo inviato antiparticelle negative che a livello atomico, con le particelle positive, generano la reazione, sviluppando calore nella proporzione dello spazio interessato, senza nessun effetto collaterale. Infatti, se noi davanti al ferro ponessimo una tavola di legno, ostruendo la visibilità, l'effetto sul ferro rimane identico e il legno resta inalterato. Il fascio è perfettamente trasparente, reagisce solo a contatto con il materiale programmato e non emette nessun tipo di radiazioni.
L'energia richiesta è solo quella che serve ad alimentare 5 piccoli motorini. Questo manda in tilt i fisici più radicali. Se poi aggiungiamo che, dopo complessi calcoli, naturalmente, si è in grado di stabilire se distruggere o riscaldare, in questo caso senza logorio della materia, di stabilire lo spessore e le dimensioni da trattare, insomma modulare il fascio ai fini voluti, allora ci siamo fatti dei nemici certi che faranno e diranno di tutto pronti a recitare

a memoria la teoria dei quanti. Sia chiaro che comprendiamo che chi ha studiato con impegno stenta ad accettare una teoria che tra l'altro non s'inquadra con le proprie conoscenze, ma è proprio questo il nuovo in assoluto.

Una Nuova Scienza che ci permette di risanare il globo terreste liberandolo dall'effetto serra, con enormi vantaggi per l'industria e la produzione di energia che ancora è legata al petrolio. Dare più vitalità e opportunità di lavoro, cercando successivamente di preservare meglio l'emissione dei fumi.
A tale proposito abbiamo in cantiere un progetto a parte che sottoporremo appena pronti. Il momento è grave e bisogna correre al più presto ai ripari, non siamo noi a dirlo, ma autorevoli fonti di studio del settore, vedi "La Terra va in riserva, finite le risorse naturali", La Repubblica 17 agosto 2010 a pagina 11 e altri studi di cui sicuramente voi siete a conoscenza.

Nota di precisazione.

"I fatti descritti sono solo per verità storica, per il resto abbiamo altro a cui pensare. Un particolare grazie va ha coloro che ci hanno aiutato in momenti difficili, avranno un riconoscimento sostanziale e saranno giustamente gratificati. Un segnale particolare vogliamo darlo a chi da anni ci segue, controlla e ogni tanto porta via qualcosa. Si tranquillizzi, da oggi sarà tutto pubblico, così potrà o potranno mettere il bastone tra le ruote con meno fatica. Infatti di recente si è stati oggetto di precise minacce in base alle quali, se mettiamo in essere quanto stiamo proponendo, loro faranno di tutto per ostacolarci, con azioni giudiziarie, amministrative, fiscali e all'occorrenza con la privazione della libertà, il tutto esteso anche a coloro che hanno avuto un ruolo marginale."

Conclusione.

"Dopo le ultime vicende si era quasi tentati di abbandonare tutto e dedicarci alle nostre famiglie, che abbiamo sacrificato e trascurato, e lasciare che il mondo segua il suo tragico destino. Ma la nostra coscienza ha prevalso, ci sembrava un atto di vigliaccheria, quindi decidiamo di costituire l'Associazione Internazionale Progetto Vita, il cui motto è "Lavoro a Tutti per il Diritto alla Vita". I poveri debbono avere dignità di vita e benessere, i ricchi maggiori opportunità di guadagno. Riteniamo giusto informarvi direttamente e dirvi chi siamo e cosa facciamo e soprattutto quali sono le motivazioni che ci hanno spinto e ci guidano nell'immediato futuro, dichiarando con onestà il nostro passato. Non per trovare giustificazioni, ma per la massima trasparenza che vogliamo imporre e dare. Se qualcosa non vi torna, chiedete pure, evitiamo la disinformazione, siamo a disposizione. Da oggi non possiamo più ignorare, abbiamo il dovere di difendere ciò che abbiamo creato."

"Inoltre, per evitare ogni dubbio, la costruzione della macchina sarà affidata al Comitato Tecnico della nostra Associazione, diretto dall'Ing. Enrico Sciubba, Docente alla Facoltà d'Ingegneria Meccanica all'Università La Sapienza di Roma, dando solo la nostra assistenza. Non segretamente come fino ad ora è stato fatto. Potete seguire gli sviluppi, se l'Ing. Sciubba vi consentirà di farlo, noi non abbiamo obiezioni. Alla prova finale, poi, sarete tutti invitati. Questo nostro Comitato è l'unico ad essere autorizzato alla costruzione delle macchine."

"Conclusioni finali: quanto accaduto ha avuto come effetto circa trenta anni di ostacoli, impedimenti, boicottaggi, con tentativi di costrizione anche della libertà, senza contare l'impossibilità di svolgere qualsiasi attività; ciò nonostante con sacrifici siamo riusciti a mettere a punto il processo per risanare l'effetto serra. Questo è stato il motivo che non ci ha permesso d'anticipare almeno di 10 anni l'utilizzo di questa scoperta che sicuramente avrebbe aiutato il mondo. Quindi ora se l'opinione pubblica non ci aiuta a realizzare questo progetto, visto che il Potere non ha fatto altro che ostacolarci con ogni mezzo, nostro malgrado abbandoneremo tutto, con grave danno per il mondo intero e soprattutto per la scienza. Vorremmo che ciò non accadesse, noi faremo tutto il possibile, se tenteranno di creare ancora ulteriori impedimenti ed azioni diffamatorie, Voi tutti tenetene conto."

Associazione Internazionale Progetto Vita.

Il Presidente Pietro Panetta.

Ho voluto riportare alla lettera quanto sopra esposto in quanto si tratta di un documento Ufficiale (Fonte comunicato stampa: "La verità su Ettore Majorana. Nasce una Nuova Scienza", a firma Pietro Panetta, Presidente dell'Associazione Internazionale Progetto Vita, sito web: progevita.com), per la massima precisione, e non lasciare nulla alla mia personale interpretazione. Ovviamente chi ha diffuso in forma Ufficiale quelle dichiarazioni e quelle descrizioni dei fatti riportati se ne prenderà la responsabilità in prima Persona… Io sono un ottimista per natura, e anche alla luce di un'analisi razionale di tutto il contesto e della situazione storica e scientifica in cui i fatti si sono svolti, (e anche alla luce di altri fatti di cui sono direttamente a conoscenza), non ho ragione di dubitarne; anzi credo siano corrispondenti alla realtà e a quanto è realmente accaduto. Spetterà ad altri fare le opportune verifiche e mettere tutto in chiaro, e la stessa Magistratura potrebbe e dovrebbe interessarsene…

Si evince comunque da quanto sopra riportato fedelmente, un fatto molto grave: che una tecnologia meravigliosa, dovuta alla Fisica dell'antimateria di Ettore Mjorana, e a Rolando Pelizza, che avrebbe potuto migliorare la vita materiale degli Uomini e salvaguardare anche quella del pianeta Terra, che era già disponibile 40 anni fa, è stata celata per non dire insabbiata, da diversi governi e autorità varie, sia nazionali che straniere, che invece avrebbero dovuto operare per valorizzarla e diffonderla, nell' interesse di tutta l' Umanità…

Come sappiamo, un analogo "insabbiamento" si è già verificato anche per diverse scoperte e invenzioni del grande Scienziato Nikola Tesla, (ma vi rimando ad un mio articolo su Nikola Tesla per un approfondimento); a partire poi dal 1989 un' altra importante scoperta, quella della "Fusione Fredda", di Martin Fleischmann e Stanley Pons dell'Università di Salt Lake City, Utah, USA, ha subito la stessa sorte … (Anche per questo caso vi rimando al mio articolo che ne tratta ampiamente). Auguriamoci che ciò non accada, anche ai giorni nostri, al brillante e promettente lavoro attuale dell'Ing. Andrea Rossi: "E-Cat",

LENR... (Anche su questa invenzione esiste un mio articolo dettagliato).

Ma quale sarebbe la situazione a questo punto? Secondo il comunicato stampa sopra riportato (fonte comunicato stampa: "La verità su Ettore Majorana. Nasce una Nuova Scienza", a firma Pietro Panetta, Presidente dell' Associazione Internazionale Progetto Vita, sito web: progevita.com) l'"apparato per la produzione di energia a flusso positronico", di cui abbiamo parlato fino a questo momento, si dovrebbe principalmente al grande genio di Ettore Majorana.

Riassumendo in sintesi i contenuti del comunicato stampa sopra citato, esisterebbe attualmente un'apparecchiatura denominata "Raggio di Vita", la cui proprietà sarebbe di Rolando Pelizza (e dell'Associazione Internazionale Progetto Vita). Questa apparecchiatura dovrebbe essere re-ingegnerizzata, migliorandola, e ricostruita dall'Ing. Enrico Sciubba dell' Università la Sapienza di Roma.

Questa tecnologia, una volta messa a punto, sarebbe poi in grado di rivoluzionare il futuro energetico civile dell'Umanità fornendo, almeno potenzialmente, energia economica, illimitata e pulita!

Purtroppo, da informazioni da me direttamente raccolte, risulta che per quanto riguarda il Prof. Ing. Enrico Sciubba, lo studio dell'apparecchiatura di cui sopra "non ha avuto seguito perché il Panetta fin dalle prime battute non avrebbe rispettato gli obblighi contrattuali con l'Università la Sapienza di Roma …".

(Ho citato testualmente le parole a me riferite dal Prof. Enrico Sciubba, nel virgolettato).

La notizia positiva invece, e anche questa da me direttamente raccolta, è che un ingegnere milanese ed un noto Professore di un'importante Università del nord d'Italia, stanno portando avanti questa importante ricerca (che si annuncia però anche molto costosa, oltre che impegnativa, anche per il rispetto necessario di tutte le norme di sicurezza richieste per la prosecuzione della ricerca stessa, ecc.) per arrivare finalmente a far funzionare la macchina (in questo caso chiamata "Calabrone"), e poterne quindi ricavare energia economica, illimitata e pulita, per uso civile.

Ma qual è il principio di funzionamento di questa apparecchiatura chiamata Calabrone? "Sarebbe il vuoto a generare energia: quando materia e antimateria collidono si genera energia. Quando un elettrone e un positrone si urtano, le due particelle scompaiono e al loro posto si generano

due raggi gamma. Dunque per generare energia
sono necessari positroni. Tuttavia mentre gli
elettroni sono comunissimi, non si trovano
positroni in giro. La ragione è appunto che quando
i positroni appaiono, rapidamente collidono con
elettroni e si trasformano in energia.

Supponiamo ora che in qualche modo si riesca a
creare un gran numero di positroni e che li si faccia
muovere in un fascio rettilineo. Dirigendo
questo fascio contro della materia normale, i
positroni potrebbero collidere con gli elettroni
presenti negli atomi e quindi generare grandi
quantità di energia.
Perciò è necessario trovare un metodo comodo,
ecologicamente pulito per generare positroni e
focalizzarli contro materia normale…"

(Nota dell' Autore: la descrizione sopra riportata
nel virgolettato è tratta da una relazione tecnica
redatta dall'Ingegnere milanese, che preferisce
però al momento non essere citato…)

Se l'Ingegnere e il Professore riusciranno nei loro
intenti, non potremo che essere felici… ma di tutto
questo in fondo dovremo soprattutto
ringraziare Ettore Mjorana per non aver consentito,
con la sua (penso) sofferta scelta di "scomparire
dal mondo", che le sue importanti scoperte sulla
Fisica nucleare e sull'antimateria, in quegli anni

bui, potessero essere messe a disposizione delle forze del Male, che talvolta governano il mondo, e diventare potenti armi di distruzione di massa...

Allora un grazie ad Ettore Majorana (e anche al suo allievo Rolando Pelizza) per averci dato la nuova Fisica, la Scienza dell'antimateria, Free Energy, con la speranzache questo possa migliorare in maniera sostanziale almeno il benessere e le condizioni di vita materiali dell'Umanità, e anche quelle del tanto sofferente pianeta Terra.

Concluderei dicendo che senza la creazione di una solida piattaforma Spirituale, prima interiore, che poi diventerà anche collettiva, basata sul ripristino di una connessione diretta e personale con il Divino, e anche con la Madre Terra, anche la meravigliosa Scienza dell'antimateria, Free Energy, che ci è stata prospettata, non sarà sufficiente a creare felicità e serenità durature nelle persone, e tutti i nostri sforzi (e anche quelli di Ettore Majorana e collaboratori), e le nostre aspirazioni positive, risulteranno vani e destinati a fallire col tempo ...

36 UN GIALLO SOSPESO TRA STORIA, SCIENZA E POLITICA

Il mistero dell'energia gratuita che ci tengono nascosta

Marconi ideò un raggio che fermava i mezzi a motore. Mussolini lo voleva, il Vaticano lo bloccò. Da quelle ricerche altri scienziati crearono l'alternativa a petrolio e nucleare. Nel 1999 l'invenzione stava per essere messa sul mercato, ma poi tutto fu insabbiato

di *Rino Di Stefano*

(*Il Giornale*, Martedì 6 Luglio 2010)

L'energia pulita tanto auspicata dal presidente Obama dopo il disastro ambientale del Golfo del Messico forse esiste già da un pezzo, ma qualcuno la tiene nascosta per inconfessabili interessi economici. Ma non solo. Negli anni Settanta, infatti, un gruppo di scienziati italiani ne avrebbe scoperto il segreto, ma questa nuova e stupefacente tecnologia, che di fatto cambierebbe l'economia mondiale archiviando per sempre i rischi del petrolio e del nucleare, sarebbe stata volutamente occultata nella cassaforte di una misteriosa fondazione religiosa con sede nel Liechtenstein, dove si troverebbe tuttora. Sembra davvero la trama di un giallo internazionale l'incredibile storia che si nasconde dietro quella che, senza alcun dubbio, si potrebbe definire la scoperta epocale per eccellenza, e cioè la produzione di energia pulita senza alcuna emissione di radiazioni dannose. In altre parole, la realizzazione di un macchinario in grado di dissolvere la materia, intendendo con questa definizione qualunque tipo di sostanza fisica, producendo solo ed esclusivamente calore.

UNA SCOPERTA PER CASO

Come ogni giallo che si rispetti, l'intricata vicenda che si nasconde dietro la genesi di questa scoperta è stata svelata quasi per caso. Lo ha fatto un imprenditore genovese che una decina d'anni fa si è trovato ad avere rapporti di affari con la fondazione che nasconde e gestisce il segreto di quello che, per semplicità, chiameremo "il raggio della morte". E sì, perché la storia che stiamo per svelare nasce proprio da quello che, durante il fascismo, fu il mito per eccellenza: l'arma segreta che avrebbe rivoluzionato il corso della seconda guerra mondiale. Sembrava soltanto una fantasia, ma non lo era. In quegli anni si diceva che persino Guglielmo Marconi stesse lavorando alla realizzazione del "raggio della morte". La cosa era solo parzialmente vera. Secondo quanto Mussolini disse al giornalista Ivanoe Fossati durante una delle sue ultime interviste, Marconi inventò un apparecchio che emetteva un raggio elettromagnetico in grado di bloccare qualunque motore dotato di impianto elettrico. Tale raggio, inoltre, mandava in corto circuito l'impianto stesso, provocandone l'incendio. Lo scienziato dette una dimostrazione, alla presenza del duce del fascismo, ad Acilia, sulla strada di Ostia, quando bloccò auto e camion che transitavano sulla strada. A Orbetello, invece, riuscì a incendiare due aerei che si trovavano ad oltre due chilometri di distanza. Tuttavia, dice sempre Mussolini, Marconi si fece prendere dagli scrupoli religiosi. Non voleva essere ricordato dai posteri come colui che aveva provocato la morte di migliaia di persone, bensì solo come l'inventore della radio. Per cui si confidò con papa Pio XI, il quale gli consigliò di distruggere il progetto della sua invenzione. Cosa che Marconi si affrettò a fare, mandando in bestia Mussolini e gerarchi. Poi, forse per il troppo stress che aveva accumulato in quella disputa, nel 1937 improvvisamente venne colpito da un infarto e morì a soli 63 anni.

La fine degli anni Trenta fu comunque molto prolifica da un punto di vista scientifico. Per qualche imperscrutabile gioco del destino, pare che la fantasia e la creatività degli italiani non fu soltanto all'origine della prima bomba nucleare realizzata negli Stati Uniti da Enrico Fermi e da i suoi colleghi di via Panisperna; altri scienziati, continuando gli studi sulla scissione dell'atomo, trovarono infatti il modo di "produrre ed emettere sino a notevoli distanze anti-atomi di qualsiasi elemento esistente sul nostro pianeta che, diretti contro una massa costituita da atomi della stessa natura ma di segno opposto, la disgregano ionizzandola senza provocare alcuna reazione nucleare, ma producendo egualmente una enorme quantità di energia pulita".

Tanto per fare un esempio concreto, ionizzando un grammo di ferro si sviluppa un calore pari a 24 milioni di KWh, cioè oltre 20 miliardi di calorie, capaci di evaporare 40 milioni di litri d'acqua. Per ottenere un uguale numero di calorie, occorrerebbe bruciare 15mila barili di petrolio. Sembra quasi di leggere un racconto di fantascienza, ma è soltanto la pura e semplice realtà. Almeno quella che i documenti in possesso dell'imprenditore genovese Enrico M. Remondini dimostrano.

LA TESTIMONIANZA

"Tutto è cominciato – racconta Remondini – dal contatto che nel 1999 ho avuto con il dottor Renato Leonardi, direttore della Fondazione Internazionale Pace e Crescita, con sede a Vaduz, capitale del Liechtenstein. Il mio compito era quello di stipulare contratti per lo smaltimento di rifiuti solidi tramite le Centrali Termoelettriche Polivalenti della Fondazione Internazionale Pace e Crescita. Non mi hanno detto dove queste centrali si trovassero, ma so per certo che esistono. Altrimenti non avrebbero fatto un *contratto* con me. In quel periodo, lavoravo con il mio collega, dottor Claudio Barbarisi. Per ogni contratto stipulato, la nostra percentuale sarebbe stata del 2 per cento. Tuttavia, per una clausola imposta dalla Fondazione stessa, il 10 per cento di questa commissione doveva essere destinata a favore di aiuti umanitari. Considerando che lo smaltimento di questi rifiuti avveniva in un modo pressoché perfetto, cioè con la ionizzazione della materia senza produzione di alcuna scoria, sembrava davvero il modo ottimale per ottenere il risultato voluto. Tuttavia, improvvisamente, e senza comunicarci il perché, la Fondazione ci fece sapere che le loro centrali non sarebbero più state

operative. E fu inutile chiedere spiegazioni. Pur avendo un contratto firmato in tasca, non ci fu nulla da fare. Semplicemente chiusero i contatti".
Remondini ancora oggi non conosce la ragione dell'improvviso voltafaccia. Ha provato a telefonare al direttore Leonardi, che tra l'altro vive a Lugano, ma non ha mai avuto una spiegazione per quello strano comportamento. Inutili anche le ricerche per vie traverse: l'unica cosa che è riuscito a sapere è che la Fondazione è stata messa in liquidazione. Per cui è ipotizzabile che i suoi segreti adesso siano stati trasferiti ad un'altra società di cui, ovviamente, si ignora persino il nome. Ciò significa che da qualche parte sulla terra oggi c'è qualcuno che nasconde il segreto più ambito del mondo: la produzione di energia pulita ad un costo prossimo allo zero.
Nonostante questo imprevisto risvolto, in mano a Remondini sono rimasti diversi documenti strettamente riservati della Fondazione Internazionale Pace e Crescita, per cui alla fine l'imprenditore si è deciso a rendere pubblico ciò che sa su questa misteriosa istituzione. Per capire i retroscena di questa tanto mirabolante quanto scientificamente sconosciuta scoperta, occorre fare un salto indietro nel tempo e cercare di ricostruire, passo dopo passo, la cronologia dell'invenzione. Ad aiutarci è la *relazione tecnico-scientifica* che il 25 ottobre 1997 la Fondazione Internazionale Pace e Crescita ha fatto avere

soltanto agli addetti ai lavori. Ogni foglio, infatti, è chiaramente marcato con la scritta "Riproduzione Vietata". Ma l'enormità di quanto viene rivelato in quello scritto giustifica ampiamente il non rispetto della riservatezza richiesta.

Il "raggio della morte", infatti, pur essendo stato concepito teoricamente negli anni Trenta, avrebbe trovato la sua base scientifica soltanto tra il 1958 e il 1960. Il condizionale è d'obbligo in quanto riportiamo delle notizie scritte, ma non confermate dalla scienza ufficiale. Non sappiamo da chi era composto il gruppo di scienziati che diede vita all'esperimento: i nomi non sono elencati. Sappiamo invece che vi furono diversi tentativi di realizzare una macchina che corrispondesse al modello teorico progettato, ma soltanto nel 1973 si arrivò ad avere una strumentazione in grado di "produrre campi magnetici, gravitazionali ed elettrici interagenti, in modo da colpire qualsiasi materia, ionizzandola a distanza ed in quantità predeterminate".

IL VIA DAL GOVERNO ANDREOTTI

Fu a quel punto che il governo italiano cominciò ad interessarsi ufficialmente a quegli esperimenti. E infatti l'allora governo Andreotti, prima di passare la mano a Mariano Rumor nel luglio del '73, incaricò il professor Ezio Clementel, allora presidente del Comitato per l'energia nucleare (CNEN), di analizzare gli effetti e la natura di quei campi magnetici a fascio. Clementel, trentino originario di Fai e titolare della cattedra di Fisica nucleare alla facoltà di Scienze dell'Università di Bologna, a quel tempo aveva 55 anni ed era uno dei più noti scienziati del panorama nazionale e internazionale. La sua responsabilità, in quella circostanza, era grande. Doveva infatti verificare se quel diabolico raggio avesse realmente la capacità di distruggere la materia ionizzandola in un'esplosione di calore. Anche perché non ci voleva molto a capire che, qualora l'esperimento fosse riuscito, si poteva fare a meno dell'energia nucleare e inaugurare una nuova stagione energetica non soltanto per l'Italia, ma per il mondo intero. Tanto per fare un esempio, questa tecnologia avrebbe permesso la realizzazione di nuovi e potentissimi motori a razzo che avrebbero letteralmente rivoluzionato la corsa allo spazio, permettendo la costruzione di gigantesche astronavi interplanetarie.

Il professor Clementel ordinò quindi quattro prove di particolare complessità. La prima consisteva nel porre una lastra di plexiglass a 20 metri dall'uscita del fascio di raggi, collocare una lastra di acciaio inox a mezzo metro dietro la lastra di plexiglass e chiedere di perforare la lastra d'acciaio senza danneggiare quella di plexiglass. La seconda prova consisteva nel ripetere il primo esperimento, chiedendo però di perforare la lastra di plexiglass senza alterare la lastra d'acciaio. Il terzo esame era ancora più difficile: bisognava porre una serie di lastre d'acciaio a 10, 20 e 40 metri dall'uscita del fascio di raggi, chiedendo di bucare le lastre a partire dall'ultima, cioè quella posta a 40 metri. Nella quarta e ultima prova si doveva sistemare una pesante lastra di alluminio a 50 metri dall'uscita del fascio di raggi, chiedendo che venisse tagliata parallelamente al lato maggiore. Ebbene, tutte e quattro le prove ebbero esito positivo e il professor Clementel, considerando che la durata dell'impulso dei raggi era minore di 0,1 secondi, valutò la potenza, ipotizzando la vaporizzazione del metallo, a 40.000 KW e la densità di potenza pari a 4.000 KW per centimetro quadrato. In realtà, venne spiegato a sperimentazione compiuta, l'impulso dei raggi aveva avuto la durata di un nano secondo e poteva ionizzare a distanza "forma e quantità predeterminate di qualsiasi materia".

Tra l'altro all'esperimento aveva assistito anche il professor Piero Pasolini, illustre fisico e amico di un'altra celebrità scientifica qual è il professor Antonino Zichichi. In una sua relazione, Pasolini parlò di "campi magnetici, gravitazionali ed elettrici interagenti che sviluppano atomi di antimateria proiettati e focalizzati in zone di spazio ben determinate anche al di là di schemi di materiali vari, che essendo fuori fuoco si manifestano perfettamente trasparenti e del tutto indenni".

In pratica, ma qui entriamo in una spiegazione scientifica un po' più complessa, gli scienziati italiani che avevano realizzato quel macchinario, sarebbero riusciti ad applicare la teoria di Einstein sul campo unificato, e cioè identificare la matrice profonda ed unica di tutti i campi di interazione, da quello forte (nucleare) a quello gravitazionale. Altri fisici in tutto il mondo ci avevano provato, ma senza alcun risultato. Gli italiani, a quanto pare, c'erano riusciti.

L'INSABBIAMENTO

In un Paese normale (ma tutti sappiamo che il nostro non lo è) una simile scoperta sarebbe stata subito messa a frutto. Non ci vuole molta fantasia per capire le implicazioni industriali ed economiche che avrebbe portato. Anche perché, quella che a prima vista poteva sembrare un'arma di incredibile potenza, nell'uso civile poteva trasformarsi nel motore termico di una centrale che, a costi bassissimi, poteva produrre infinite quantità di energia elettrica.

Perché, dunque, questa scoperta non è stata rivelata e utilizzata? La ragione non viene spiegata. Tutto quello che sappiamo è che i governi dell'epoca imposero il segreto sulla sperimentazione e che nessuno, almeno ufficialmente, ne venne a conoscenza. Del resto nel 1979 il professor Clementel morì prematuramente e si portò nella tomba il segreto dei suoi esperimenti. Ma anche dietro Clementel si nasconde una vicenda piuttosto strana e misteriosa. Pare, infatti, che le sue idee non piacessero ai governanti dell'epoca. Non si sa esattamente quale fosse la materia del contendere, ma alla luce della straordinaria scoperta che aveva verificato, è facile immaginarlo. Forse lo scienziato voleva rendere pubblica la notizia, mentre i politici non ne volevano sapere. Chissà? Ebbene, qualcuno trovò il sistema per togliersi di torno quello scomodo presidente del CNEN. Infatti venne accertato che la firma di Clementel appariva su registri di esame all'Università di Trento, della quale all'epoca era il rettore, in una data in cui egli era in missione altrove. Sembrava quasi un errore, una svista. Ma gli costò il carcere, la carriera e infine la salute. Lo scienziato capì l'antifona, e non disse mai più nulla su quel "raggio della morte" che gli era costato così tanto caro. A Clementel è dedicato il Centro Ricerche Energia dell'ENEA a Bologna.

C'è comunque da dire che già negli anni Ottanta qualcosa venne fuori riguardo un ipotetico "raggio della morte". Il primo a parlarne fu il giudice Carlo Palermo che dedicò centinaia di pagine al misterioso congegno, affermando che fu alla base di un intricato traffico d'armi. La storia coinvolse un ex colonnello del Sifar e del Sid, Massimo Pugliese, ma anche esponenti del governo americano (allora presieduto da Gerald Ford), i parlamentari Flaminio Piccoli (Dc) e Loris Fortuna (Psi), nonché una misteriosa società con sede proprio nel Liechtenstein, la Traspraesa. La vicenda durò dal 1973 al 1979, quando improvvisamente calò una cortina di silenzio su tutto quanto.

Erano comunque anni difficili. L'Italia navigava nel caos. Gli attentati delle Brigate Rosse erano all'ordine del giorno, la società civile soffocava nel marasma, i servizi segreti di mezzo mondo operavano sul nostro territorio nazionale come se fosse una loro riserva di caccia. Il 16 marzo 1978 i brigatisti arrivarono al punto di rapire il Presidente del Consiglio Nazionale della Dc, Aldo Moro, uccidendo i cinque poliziotti della scorta in un indimenticabile attentato in via Fani, a Roma. E tutti ci ricordiamo come andò a finire. Tre anni dopo, il 13 maggio 1981, il terrorista turco Mehmet Alì Agca in piazza San Pietro ferì a colpi di pistola Giovanni Paolo II.

E' in questo contesto, che il "raggio della morte" scomparve dalla scena. Del resto, ammesso che la scoperta avesse avuto una consistenza reale, chi sarebbe stato in grado di gestire e controllare gli effetti di una rivoluzione industriale e finanziaria che di fatto avrebbe cambiato il mondo? Non ci vuole molto, infatti, ad immaginare quanti interessi quell'invenzione avrebbe danneggiato se soltanto fosse stata resa pubblica. In pratica, tutte le multinazionali operanti nel campo del petrolio e dell'energia nucleare avrebbero dovuto chiudere i battenti o trasformare da un giorno all'altro la loro produzione. Sarebbe veramente impossibile ipotizzare una cifra per quantificare il disastro economico che la nuova scoperta italiana avrebbe portato.

Ma queste sono solo ipotesi. Ciò che invece risulta riguarda la decisione presa dagli autori della scoperta. Infatti, dopo anni di traversie e inutili tentativi per far riconoscere ufficialmente la loro invenzione, probabilmente temendo per la loro vita e per il futuro della loro strumentazione, questi scienziati consegnarono il frutto del loro lavoro alla Fondazione Internazionale Pace e Crescita, che l'11 aprile 1996 venne costituita apposta, verosimilmente con il diretto appoggio logistico-finanziario del Vaticano, a Vaduz, ben al di fuori dei confini italiani. In quel momento il capitale sociale era di appena 30mila franchi svizzeri (circa 20mila Euro). "Sembra anche a noi – si legge nella relazione introduttiva alle attività della Fondazione – che sia meglio costruire anziché distruggere, non importa quanto possa essere difficile, anche se per farlo occorrono molto più coraggio e pazienza, assai più fantasia e sacrificio".

A prescindere dal fatto che non si trova traccia ufficiale di questa fantomatica Fondazione, se non la notizia (in tedesco) che il primo luglio del 2002 è stata messa in liquidazione, parrebbe che a suo tempo l'organizzazione fosse stata costituita in primo luogo per evitare che un'invenzione di quella portata fosse utilizzata solo per fini militari. Del resto anche i missili balistici (con quello che costano) diventerebbero ben poca cosa se gli eserciti potessero disporre di un macchinario che, per distruggere un obiettivo strategico, necessiterebbe soltanto di un sistema di puntamento d'arma.

Secondo voci non confermate, la decisione degli scienziati italiani sarebbe maturata dopo una serie di minacce che avevano ricevuto negli ambienti della capitale. Ad un certo punto si parla pure di un attentato con una bomba, sempre a Roma. Si dice che, per evitare ulteriori brutte sorprese, quegli scienziati si appellarono direttamente a Papa Giovanni Paolo II e la macchina che produce il "raggio della morte" venisse nascosta per qualche tempo in Vaticano. Da qui la decisione di istituire la fondazione e di far emigrare tutti i protagonisti della vicenda nel più tranquillo Liechtenstein. In queste circostanze, forse non fu un caso che proprio il 30 marzo 1979 il Papa ricevette in Vaticano il Consiglio di Presidenza della Società Europea di Fisica, riconoscendo, per la prima volta nella storia della Chiesa, in Galileo Galilei (1564-1642) lo scopritore della Logica del Creato.

Comunque sia, da quel momento in poi, la parola d'ordine è stata mantenere il silenzio assoluto.

LE MACCHINE DEL FUTURO

Qualcosa, però, nel tempo è cambiata. Lo prova il fatto che la Fondazione Internazionale Pace e Crescita non si sarebbe limitata a proteggere gli scienziati cristiani in fuga, ma nel periodo tra il 1996 e il 1999 avrebbe proceduto a realizzare per conto suo diverse complesse apparecchiature che sfruttano il principio del "raggio della morte". Secondo la loro documentazione, infatti, è stata prodotta una serie di macchinari della linea Zavbo pronti ad essere adibiti per più scopi. L'elenco comprende le SRSU/TEP (smaltimento dei rifiuti solidi urbani), SRLO/TEP (smaltimento dei rifiuti liquidi organici), SRTP/TEP (smaltimento dei rifiuti tossici), SRRZ/TEP (smaltimento delle scorie radioattive), RCC (compattazione rocce instabili), RCZ (distruzione rocce pericolose), RCG (scavo gallerie nella roccia), CLS (attuazione leghe speciali), CEN (produzione energia pulita).
A quest'ultimo riguardo, nella documentazione fornita da Remondini si trovano anche i piani per costruire centrali termoelettriche per produrre energia elettrica a bassissimo costo, smaltendo rifiuti. C'è tutto, dalle dimensioni all'ampiezza del

terreno necessario, come si costruisce la torre di ionizzazione e quante persone devono lavorare (53 unità) nella struttura. Un'intera centrale si può fare in 18 mesi e potrà smaltire fino a 500 metri cubi di rifiuti al giorno, producendo energia elettrica con due turbine Ansaldo . C'è anche un quadro economico (in milioni di dollari americani) per calcolare i costi di costruzione. Nel 1999 si prevedeva che una centrale di questo tipo sarebbe costata 100milioni di dollari. Una peculiarità di queste centrali è che il loro aspetto è assolutamente fuorviante. Infatti, sempre guardando i loro progetti, si nota che all'esterno appaiono soltanto come un paio di basse palazzine per uffici, circondate da un ampio giardino con alberi e fiori. La torre di ionizzazione, dove avviene il processo termico, è infatti completamente interrata per una profondità di 15 metri. In pratica, un pozzo di spesso cemento armato completamente occultato alla vista. In altre parole, queste centrali potrebbero essere ovunque e nessuno ne saprebbe niente.

Da notare che, secondo le ricerche compiute dalla International Company Profile di Londra, una società del Wilmington Group Pic, leader nel mondo per le informazioni sul credito e quotata alla Borsa di Londra, la Fondazione Internazionale Pace e Crescita, fin dal giorno della sua registrazione a Vaduz, non ha mai compiuto alcun tipo di operazione finanziaria nel Liechtenstein, né si conosce alcun dettaglio del suo stato patrimoniale o finanziario, in quanto la legge di quel Paese non prevede che le Fondazioni presentino pubblicamente i propri bilanci o i nomi dei propri fondatori. Si conosce l'indirizzo della sede legale, ma si ignora quale sia stato quello della sede operativa e il tipo di attività che la Fondazione ha svolto al di fuori dei confini del Liechtenstein. Ovviamente mistero assoluto su quanto sia accaduto dopo il primo luglio del 2002 quando, per chissà quali ragioni, ma tutto lascia supporre che la sicurezza non sia stata estranea alla decisione, la Fondazione ufficialmente ha chiuso i battenti.

Ancora più strabiliante è l'elenco dei clienti, o presunti tali, fornito a Remondini. In tutto 24 nomi tra i quali spiccano i maggiori gruppi siderurgici europei, le amministrazioni di due Regioni italiane e persino due governi: uno europeo e uno africano. Da notare che, in una lettera inviata dalla Fondazione a Remondini, si parla di proseguire con i contatti all'estero, ma non sul territorio nazionale "a causa delle problematiche in Italia". Ma di quali "problematiche" si parla? E, soprattutto, com'è che una scoperta di questo tipo viene utilizzata quasi sottobanco per realizzare cose egregie (pensiamo soltanto alla produzione di energia elettrica e allo smaltimento di scorie radioattive), mentre ufficialmente non se ne sa niente di niente?

Interpellato sul futuro della scoperta da Remondini, il professor Nereo Bolognani, eminenza grigia della Fondazione Internazionale Pace e Crescita, ha detto che "verrà resa nota quando Dio vorrà". Sarà pure, ma di solito non è poi così facile conoscere in anticipo le decisioni del Padreterno. Neppure con la santa e illustre mediazione del Vaticano.

INTERVISTA AL TESTIMONE

«Dissero che il segreto non doveva finire nelle mani dei militari»

Enrico Remondini non è un uomo di molte parole. La sua esperienza con la Fondazione Internazionale Pace e Crescita, a undici anni di distanza, è ormai un ricordo tra i risvolti della memoria. Alcuni mesi di lavoro, vissuti anche con un certo entusiasmo, poi i contatti si sono chiusi lasciandogli, oltre ad una certa perplessità per il modo in cui sono stati interrotti, anche un velo di amarezza. Aveva condiviso, ammette, i fini umanitari della Fondazione; per cui non comprendeva, e non comprende ancora oggi, il motivo per cui l'operazione non sia stata portata a termine. Soprattutto, però, gli è rimasta dentro una fortissima curiosità: quanto c'era di vero in quello che gli avevano detto?

Signor Remondini, come e quando è entrato in contatto con la Fondazione Internazionale Pace e Crescita?

"Fu nei primi mesi ndel 1999, mi pare, e in modo del tutto fortuito. Mi trovavo a Lugano per lavoro e un amico me ne parlò. Non era una notizia di dominio pubblico, per cui ero incuriosito. In seguito il mio amico mi fece incontrare il direttore della Fondazione, il dottor Renato Leonardi, e a lui chiesi se potevo collaborare con loro".

Non furono dunque loro a cercarla…

"No, fui io che ne feci richiesta. In un primo tempo pensavo di poter lavorare nelle pubbliche relazioni, ma ben presto mi resi conto che a loro non interessava quel settore. Leonardi, invece, mi chiese di fare alcune traduzioni e, a questo riguardo, mi diede diversi documenti. Gli stessi che adesso, non esistendo più la Fondazione, ho deciso di rendere pubblici".

La sua collaborazione si fermò alle traduzioni?

"No, successivamente decisi di instaurare un rapporto più imprenditoriale. Per cui venni presentato al professor Nereo Bolognani, presidente della Fondazione. Ci incontravamo a Milano, nella hall di un albergo vicino alla stazione centrale. Fu lui a spiegarmi che le centrali polivalenti della Fondazione erano in grado di smaltire in modo ottimale un certo tipo di scorie. Soprattutto di tipo metallico. Per cui, insieme ad un mio amico, mi feci dare un mandato dalla Fondazione stessa per procurare questo tipo di scorie. Fu un periodo molto breve, perché riuscimmo a prendere contatti con uno solo dei nominativi che ci erano stati forniti. Si trattava di una grossa acciaieria italiana che aveva problemi per lo smaltimento delle scorie metalliche. Noi ci facemmo consegnare un campione e lo passammo a Bolognani perché lo facesse esaminare e ci dicesse se l'affare poteva essere avviato. Ma accadde qualcosa prima di avere l'esito di quelle analisi…".

E cioè?

"La moglie di Bolognani morì di un brutto male e per qualche tempo non riuscimmo a metterci in contatto con lui. Pensavamo che, dopo un certo periodo, si sarebbe ripreso e avremmo continuato la normale attività lavorativa. Ma le cose non andarono così. E' probabile, direi quasi certo, che contemporaneamente a quel lutto avvenne anche qualche altro cambiamento interno alla

Fondazione. Comunque sia, nonostante avessimo un mandato firmato in tasca, non riuscimmo più a metterci in contatto con loro. Tutto quello che so è che Bolognani, dopo la morte della moglie, si era trasferito da Roma, dove abitava. Ma ignoro dove. Provai anche a chiamare Leonardi, a Lugano, ma fu inutile. Una volta riuscii anche a parlargli, ma era molto evasivo e non volle dirmi nulla. In seguito venni a sapere che la Fondazione era stata messa in liquidazione".

Eppure lei aveva lavorato per loro, avrà avuto anche delle spese. Gliele hanno mai rimborsate?

"No, e non gliele ho mai chieste. Ripeto, abbiamo preso solo un contatto, per cui si trattava di poca cosa. Non mi è sembrato che ne valesse la pena. Tra l'altro, avevo sempre avuto un buon rapporto con loro e non volevo rovinarlo per così poco".

Tuttavia nei suoi confronti non hanno mostrato molta chiarezza. Ha mai provato a farsi dire qualcosa in più circa la loro attività? Dopotutto, visto che contattavano industrie ed enti pubblici, non si può dire che il loro segreto non fosse divulgato…

"Sì, una volta ho avuto una conversazione di questo tipo con Bolognani. Devo dire che era una persona molto corretta e molto religiosa. Mi spiegò che lo scopo della Fondazione era quello di evitare che una scoperta scientifica come quella che loro gestivano finisse nelle mani dei militari, diventando causa di morte. Poi aggiunse che un giorno, quando Dio vorrà, questo segreto verrà reso pubblico".

E le basta?

"No, però capisco il fine. E per molti versi lo condivido".

RDS

*

«Così l'Italia lavorò al raggio che crea energia dal nulla»

Alcuni documenti provano gli esperimenti fatti dallo scienziato Clementel negli anni '70. Ma ora nessuno può vedere il prodotto di quegli studi

di *Rino Di Stefano*

(*Il Giornale*, Domenica 26 Settembre 2010)

Nell'Inverno del 1976 il governo italiano autorizzò il professor Ezio Clementel, presidente del CNEN (Comitato Nazionale per l'Energia Nucleare), ad effettuare una serie di esperimenti per verificare l'efficacia di una misteriosa macchina che emetteva un fascio di raggi in grado di annichilire la materia, producendo grandi quantità di energia. Giulio Andreotti aveva appena formato il suo terzo governo, un monocolore Dc che si reggeva sull'astensione di Pci, Psi, Psdi, Pri e Pli, dopo le elezioni del 20-21 giugno che avevano visto la vittoria di Dc e Pci.

La lettera con cui il professor Clementel inviava la sua relazione sulle prove da eseguirsi, è datata 26 novembre 1976 e indirizzata all'avvocato Loris Fortuna, Presidente della Commissione Industria, presso la Camera dei Deputati, in piazza del Parlamento 4, a Roma. Il socialista Fortuna era il deputato incaricato dal Presidente del Consiglio per seguire il lavoro di Clementel.

La relazione è composta da cinque facciate. Nella seconda, quella che segue la lettera di accompagnamento, c'è l'elenco delle cinque prove richieste dal protocollo, con i relativi dettagli. In sostanza, si trattava di far forare al fascio di raggi emesso dalla macchina, lastre di acciaio inox e alluminio poste a diverse distanze dall'obiettivo della macchina stessa. Nelle tre facciate successive, viene calcolata la potenza del raggio. In un altro documento di due facciate, il professor Clementel scrive di suo pugno, siglandole in calce, le sue conclusioni relative alla valutazione delle prove effettuate, all'energia e alla potenza del fascio, alla natura del fascio stesso.
Scrive il professor Clementel: "L'energia del fascio impiegato è stimabile tra i 150.000 e i 4 milioni di Joule (il joule è l'unità di misura dell'energia n.d.r.);

i numeri dati corrispondono all'energia necessaria per fondere rispettivamente vaporizzare 144 grammi di acciaio inox. Una valutazione più precisa sarà forse possibile al termine delle analisi metallurgiche in corso per uno dei campioni di acciaio inox. Poiché, come risulta dalle prove, il fascio è quasi certamente di tipo impulsato, con durata degli impulsi minore di 0,1 secondi, occorrerebbe una esatta conoscenza di tale durata per poter determinare la potenza del fascio. Si può comunque dare una stima del limite inferiore della potenza in gioco, assumendo una durata dell'impulso pari a 0,1 secondi. Con tale valore, si ha una potenza totale del fascio di 1500 Kw/cmq nel caso della fusione del metallo; nel caso della vaporizzazione del metallo la potenza totale del fascio salirebbe a 40.000 Kw e la densità di potenza a 4000 Kw/cmq".

E poi conclude: "Circa la natura, del fascio, le semplici prove effettuate non consentono una risposta sufficientemente precisa, anche se vi è qualche indicazione che porterebbe ad escludere alcune fra le sorgenti più comuni, quali ad esempio getto di plasma, fasci di particelle cariche accelerate, fasci di neutroni, eccetera. In ogni caso, anche nell'ipotesi non ancora escludibile di fascio laser, le energie e soprattutto le potenze in gioco, si porrebbero al di là dei limiti dell'attuale tecnologia. Si può in ogni caso escludere che si tratti di fasci di anti-particelle o di anti-atomi".

Il professor Clementel fece fare delle riprese di quelle prove sulla misteriosa macchina e i filmati, insieme alla relazione, sono giunti integri fino a noi. Nelle scene in bianco e nero si vedono distintamente la macchina e la lastra di acciaio inox verso cui è diretto il fascio di raggi. Un attimo e un grande bagliore avvolge l'acciaio; quando le fiamme si diradano, appare il grosso foro sulla lastra

Il ritrovamento di questa documentazione a 34 anni di distanza, prova due cose. La prima è che nel 1976 la macchina che produce energia con un fascio di raggi, esisteva. La seconda è che quegli esperimenti, autorizzati dal governo, conferiscono un primo grado di attendibilità al dossier della Fondazione Internazionale Pace e Crescita di Vaduz, nel Liechtenstein, l'organizzazione che si proclamava proprietaria della fantastica tecnologia. Ma è proprio così? La Fondazione era realmente il soggetto che disponeva di questo macchinario? Non proprio.

Per saperne di più, abbiamo cercato la risposta a Civitella d'Agliano, un caratteristico borgo medioevale tra le colline di Lazio e Umbria, in provincia di Viterbo, dove si trova il villino dell'ingegner Aristide Saleppichi, uno dei primi tecnici a occuparsi della costruzione e dello sviluppo della misteriosa macchina. Saleppichi, ex direttore dello stabilimento Montedison di Terni, ha due lauree: una in ingegneria industriale

meccanica e una in fisica. Ma non solo.
L'ingegnere, che oggi ha 91 anni e mantiene una
invidiabile e lucidissima mente, fa parte del gruppo
che da quarant'anni gestisce la macchina.
Secondo lui, il fatto che proprio adesso si cominci
a parlare del misterioso macchinario, non è
casuale. "Vede, io ho un concetto un po' teologico
degli avvenimenti – spiega – La fisica cammina.
Ad un certo punto il Signore ci dice quando
dobbiamo scoprire alcune cose. E' come se
qualcuno ci desse da mangiare un poco per volta.
Questo dunque, potrebbe essere il momento
giusto per affrontare l'argomento".
Ed è proprio per fornire un chiarimento sulla
vicenda, che l'ingegnere ha organizzato una
riunione in casa sua tra lo staff di questo gruppo e
il cronista che vi parla. "Quella tecnologia
appartiene solo a noi. E, per essere più precisi, a
Rolando Pelizza, colui che ha materialmente
costruito la macchina a Chiari, in provincia di
Brescia. – esordisce Pietro Panetta, ex
imprenditore di Roma e portavoce di Pelizza – La
Fondazione Internazionale Pace e Crescita, che si
vantava di disporre di questa tecnologia, è stata
costituita da un nostro conoscente, il professor
Nereo Bolognani. Lo abbiamo avvertito a più
riprese che, senza il nostro consenso, non poteva
continuare su quella strada. Alla fine, lo abbiamo
minacciato di azioni legali e allora lui, nel 2002, ha
messo in liquidazione la Fondazione".

Risolto il mistero della Fondazione, resta quello di chiarire chi sono coloro che adesso si attribuiscono la proprietà della tecnologia in questione. Di certo, il nome di Rolando Pelizza non è estraneo alla cronaca. Infatti fu proprio lui a finire sul banco degli imputati, insieme all'ex colonnello del Sid Massimo Pugliese, al processo di Venezia voluto dal giudice Carlo Palermo per traffico internazionale di armi. Pelizza venne subito assolto, Pugliese si beccò 2 anni e 8 mesi. Ricorse in appello e fu a sua volta assolto perché "il fatto non costituisce reato". Sempre per la cronaca, il colonnello Pugliese trascorse il resto della sua vita intentando cause contro il giudice Palermo, l'allora Presidente del Consiglio De Mita e gli ex ministri Colombo (Finanze) e Zanone (Difesa) chiedendo 9 miliardi di lire di risarcimento. Inascoltato in Italia, si rivolse persino alla Corte di Strasburgo. Ciò premesso, vediamo adesso chi sono e cosa pretendono gli amici di Pelizza.

Tutto cominciò oltre 50 anni fa

Signor Panetta, quando e come nasce l'invenzione di questa macchina.
"L'origine del progetto risale al 1958, ma soltanto nel 1972 si ebbe la prima manifestazione sulla materia. Infatti, il fascio di raggi era diretto verso il

materiale da trattare: investito, in una frazione di secondo l'oggetto subiva un processo di annichilimento, generando calore".

L'Istituto Nazionale di Fisica Nucleare, da noi consultato, afferma che, alla luce delle nostre attuali conoscenze scientifiche, una simile macchina non sta né in cielo né in terra, anche se in linea di principio non sarebbe impossibile. Lei che cosa risponde?

"Questo è ciò che loro sanno. Ma la realtà è diversa. E lo dimostrano le prove fatte dal compianto professor Clementel, con la collaborazione di Pelizza. Nei fatti, un grande fisico teorico, quasi per ispirazione divina, ha intuito il mezzo per far interagire la materia. E si è dedicato interamente alla stesura del progetto".

Di chi sta parlando?

"Certamente non di Pelizza, che ha soltanto aiutato questo fisico a costruire la macchina. Lo chiamava "il professore". Ha imparato da lui a gestirla, frequentandolo per oltre quindici anni. Da solo non avrebbe mai avuto né la preparazione né la capacità per arrivare a tanto".

Dica di chi si tratta, allora.

"Mi dispiace, ma non posso fare nomi. Non sono autorizzato a farlo. Tutto quello che posso dire è che occorsero circa dieci anni, e arriviamo così al 1981, per riuscire a controllare il fascio di raggi".

Va bene, allora ci può mostrare questa prodigiosa macchina: può farci assistere ad

una prova?

"No, mi dispiace. Nessuno può vederla. Solo a suo tempo, quando avremo definito certe trattative che abbiamo in corso a livello mondiale, potremo mostrarla. E in quell'occasione parlerà anche Pelizza. Ma non prima".

Ma il gruppo collegato a Pelizza, che sta per creare una Fondazione, è davvero l'unico a conoscere i segreti della misteriosa tecnologia? A quanto pare, non proprio.

Da anni, infatti, qualcun altro si sta interessando attivamente a questi problemi. Ma come si è formato questo secondo filone di ricerca?

"Per caso – risponde l'ingegnere elettronico milanese Franco Cappiello –. Fu verso la fine degli anni Novanta che conobbi il colonnello Pugliese, allora nel pieno della sua campagna giudiziaria contro giudici e politici. Un giorno, forse sentendo la fine vicina, mi raccontò tutta la storia della macchina e mi regalò la documentazione di cui era in possesso. C'erano i disegni e i piani di costruzione, aveva conservato tutto. Mi diede anche qualche indicazione utile sul come costruire un prototipo. E fece appena in tempo, perché morì nel 1998. Così, da quel momento, mi sono dedicato anima e corpo alla macchina e, dopo avere studiato bene il fenomeno, posso dire che la base scientifica di questa scoperta non manca davvero. A mio avviso, si tratta di un generatore di energia a trasporto positronico (i positroni sono antiparticelle degli elettroni, dotate di carica positiva n.d.r.). L'energia che fornisce è termica e completamente priva di radioattività". Cappiello, però, si rende conto che una scoperta scientifica, per essere giudicata tale, deve essere studiata ed esaminata da scienziati veri.

"Ed è per questa ragione – afferma - che ho chiesto l'aiuto di una equipe di ricercatori dell'Università di Pavia. Questi scienziati, guidati da un'autorità come il professor Sergio P. Ratti, studieranno tutti gli aspetti di questa macchina. Ci tengo comunque a chiarire che recentemente ho instaurato una fruttuosa collaborazione con Rolando Pelizza".

Le domande degli scienziati

Difficile immaginare uno scienziato più illustre del professor Ratti per studiare la funzionalità della macchina. Docente di Fisica Sperimentale all'Università di Pavia, oggi in pensione, Sergio P. Ratti è uno degli scienziati italiani più conosciuti al mondo e una della massime autorità in fatto di positroni.

Professor Ratti, come è giunto alla decisione di dirigere le ricerche sulla macchina che dà energia?

"Confucio diceva che la scienza è scienza quando

sa separare ciò che conosciamo da ciò che crediamo di conoscere. Nel caso specifico, si tratta di accertare se questo macchinario sia in grado o meno di liberare positroni dal vuoto assoluto. Dunque faremo tutte le prove necessarie, adottando i dovuti accorgimenti, per verificare se questo possa realmente accadere. Nelle opportune condizioni, l'esperimento deve essere ripetibile. Altrimenti non si parlerebbe di scienza".

Che cosa intende quando parla di accorgimenti?

"Mi riferisco alla legge 626 sulla sicurezza del lavoro. Qualora si ottenesse l'annichilimento di 500 grammi di ferro, dove andrebbero a finire i residui? Nei polmoni dei presenti? E' quindi tassativo, tanto per fare un esempio, che il locale in cui vengono svolti gli esperimenti sia dotato di uno specifico sistema di ventilazione, con filtri per l'aria. E dovranno essere presenti anche tutti gli altri dispositivi di sicurezza attiva e passiva".

Avete già i locali adatti?

"Ho inoltrato una richiesta in questo senso al rettore dell'Università di Pavia. Attendo una risposta".

Da un punto di vista scientifico, questa scoperta potrebbe cambiare la fisica come oggi la conosciamo. Secondo lei, come potrebbe essere accolta una novità di questo genere?

"Ha presente che cosa accadde a Galileo quando

parlò delle sue conclusioni sul moto della terra intorno al sole? Il problema è che, prima di parlare di scoperta scientifica, si devono avere tutte le prove del caso. Quello che posso dire è che ho consultato diversi miei colleghi in giro per il mondo, e ho avuto risposte interessanti. Uno, decisamente molto importante che lavora all'Università di Harvard, mi ha confermato che, in linea di principio, potrebbe essere. Insomma, bisogna studiare il fenomeno nel modo più serio e corretto possibile. Quanto alle conclusioni, vedremo a tempo debito".

38 "Un'assurdità ritenere Majorana un nazista"

Intervista al professor Erasmo Recami, biografo dello scienziato scomparso.

Non esistono prove o testimonianze sull'ipotesi di una presunta collaborazione con la Germania di Hitler.

di *Rino Di Stefano*

(*RinoDiStefano.com*, Giovedì 25 Novembre 2010)

"Pensare che Ettore Majorana possa essere stato un nazista, e che addirittura si fosse rifugiato in Germania dopo la sua sparizione nel marzo del '38 per collaborare con Hitler, è semplicemente un'assurdità. A parte il fatto che non esiste alcuna prova attendibile a riguardo, dire una cosa del genere significa non sapere nulla della dimensione umana e spirituale di questo nostro grande e misterioso fisico. Significa ignorare la sua sensibilità, i suoi dubbi, il suo innato senso dell'umorismo. No, Ettore Majorana non era un nazista".

Per il professor Erasmo Recami, docente di Fisica e Struttura della Materia presso l'Università Statale di Bergamo, conosciuto in tutto il mondo come biografo di Ettore Majorana, non ci sono possibilità di dubbio: l'ipotesi di un Majorana nazista non sarebbe altro che una delle tante leggende metropolitane che da decenni circolano sul grande scienziato. Del resto il suo libro "Il caso Majorana", pubblicato per la prima volta nel 1986 con Mondadori e ormai giunto alla sesta edizione con Di Renzo Editore, è considerato da tutti gli studiosi l'opera più completa e più documentata sul fisico siciliano scomparso nel nulla la fredda mattina di venerdì 25 marzo 1938, all'età di 31 anni, nel porto di Napoli.

Professor Recami, chi era dunque Ettore Majorana?

"Majorana, nato a Catania il 5 agosto 1906, era una delle menti più brillanti della scienza italiana. Enrico Fermi, che aveva conosciuto tutti i maggiori scienziati del suo tempo, compreso Einstein, lo considerava *uno dei più forti ingegni del nostro tempo e la promessa di ulteriori conquiste. Un genio all'altezza di Newton e Galileo.* Non c'è alcun dubbio che, se avesse continuato la sua attività di professore all'Università di Napoli, oggi in

Italia avremmo una delle Scuole di Fisica più celebrate del mondo".

Come era il suo carattere?

"Aveva un temperamento allegro e gioviale. La sorella Maria lo ricordava come una persona molto buona e di elevato spessore culturale. Due esempi possono spiegare meglio di qualunque discorso l'indole di Ettore. Il primo, quando, senza saper guidare e privo di patente, prese l'auto del padre finendo poi contro un muro. Una cicatrice su una mano gli restò come ricordo di quella sciocchezza. Il secondo è quando, per aiutare un suo amico, si presentò al posto suo per dare un esame di matematica all'università. Inoltre era una persona estremamente sensibile, come possono dimostrare diverse lettere di persone che lo conoscevano. Una di queste era il professor Gilberto Bernardini che, ricordando Majorana, in una lettera dell'8 settembre 1987 scriveva che di lui aveva *'ancora viva l'impressione di un'intelligenza che mi stupiva perché andava oltre la mia capacità di poter capire. Mi hanno anche ricordato una sensibilità umana non celata da un disincantato umorismo'*. Persino un esame grafologico, compiuto dal dottor Gianni Sansoni sulle sue lettere, dimostra la spiccata sensibilità umana di Majorana. *'Posso dire* – scrive Sansoni – *che il Majorana doveva essere persona mite e* buona, bisognosa d'affetto più che mai e penso che miglior elogio non gli si possa fare che avvicinandosi alle sue vicende con rispetto e comprensione'. Ma abbiamo anche altre testimonianze. Per esempio, quella del fisico tedesco Rufolf Peierls, che lo conobbe nel 1932, prima che Majorana partisse per la Germania. 'Mi apparve come un fisico straordinariamente dotato – scrive Peierls da Oxford al collega Donatello Dubini, a Colonia, il 2 luglio 1984 – un poco timido, e veramente contrario al fascismo'. E si può dunque capire con quale stato d'animo si dovette iscrivere al Partito Fascista nel 1934 o 1935, altrimenti non poteva partecipare ai concorsi per ottenere una cattedra universitaria. Insomma, quella di Majorana nazista è una teoria che non sta in piedi".

Eppure, in una lettera che Majorana scrisse dalla Germania si intravede una certa simpatia per il nazismo…

"Ogni cosa va collocata nel giusto contesto per essere compresa e spiegata. In questo caso parliamo della lettera che Majorana scrisse alla madre il 22 gennaio 1933 dall'Institut fur Theoretische Phisik del professor Heisenberg, a Lipsia. Si trovava lì grazie ad una borsa di studio del CNR che Enrico Fermi gli aveva fatto ottenere. In effetti, in quella lettera si evince una velata simpatia per il nuovo regime nazista, del quale Majorana cerca di spiegare l'appoggio popolare ottenuto. Ma bisogna comprendere che quella era la prima volta che Majorana si trovava a vivere da solo, in un altro paese. E che il nazismo non aveva ancora la criminale connotazione che poi ha assunto. Probabilmente si era lasciato prendere dall'entusiasmo di essere ben distante dalla madre che, come è noto a tutti coloro che hanno studiato la vita di Majorana, era sempre molto possessiva e invadente verso i figli. Non dimentichiamo che veniva da una famiglia del Sud e lui era un figlio molto rispettoso. Tra l'altro voleva anche molto bene al padre, che morì subito dopo. Tanto per dirne una, la madre era solita comprare la biancheria intima dei figli, anche se erano adulti e già sposati. E poi pretendeva che la indossassero. Il giovane Majorana in una delle sue lettere arriva al punto di dire che Lipsia è una bellissima città, mentre mi risulta che a quel tempo non lo fosse affatto".

E Majorana non si oppose mai al potere della madre?

"Una volta lo fece. Probabilmente perché non ne poteva più. Ma bisogna spiegare chi era questa donna e quale fosse il suo stile di vita. Il suo nome da nubile era Salvadora Corso, ma presto si fece chiamare Dorina. Amava la bella vita: le vacanze termali in quella che allora si chiamava Abbazia, in Slovenia; girava per le capitali europee ed era sempre in movimento. Era innamorata di Parigi e non faceva che parlarne a casa. Un bel giorno, si vede che proprio non la reggeva più, Ettore le si rivolse contro e urlò: 'Ma basta con questa Parigi!' Probabilmente fu quella la sua prima reazione contro la madre. Del resto, aveva accumulato per anni. Pensate che da piccolo la madre lo esibiva come un fenomeno da baraccone, in casa. Visto che era bravissimo a fare complicatissimi calcoli a mente, chiedeva ai suoi ospiti di rivolgere domande al figlio. Lui, che era timido fin da allora, si nascondeva sotto il tavolo e da lì rispondeva. Questa capacità di calcolo non lo lasciò mai. Con Fermi, per esempio, si sfidavano nel risolvere problemi matematici particolarmente difficili. Mentre Fermi utilizzava un regolo calcolatore, Majorana guardava contro il muro, che era l'analogo di stare sotto il tavolo, aspettava che Fermi finisse i suoi calcoli e poi diceva il risultato. Che, ovviamente, era sempre esatto".

Facile immaginare che suscitasse invidie…

"Certamente. Per esempio, Emilio Segre, detto il basilisco, anche lui membro della cerchia di Fermi, diceva in giro che Majorana con le sue capacità matematiche poteva guadagnarsi da vivere esibendosi in un circo".

La prima ipotesi che hanno fatto gli inquirenti dopo la sua scomparsa, era quella del suicidio. Lei che ne pensa?

"Non credo davvero che Majorana possa essersi ucciso. Disponiamo di tutta la sua corrispondenza prima di quel fatidico giorno del 1938. Le lettere erano tranquillissime e scritte con una grafia molto lineare, senza quelle sbavature tipiche di chi ha qualche problema nervoso. Ettore Majorana, il giorno in cui è scomparso, non era affatto agitato. Aveva preso la sua decisione e la stava attuando. Ma quale che fosse, non era quella di togliersi la vita. Non sta in piedi neanche la teoria del rapimento da parte di una potenza straniera. A quel tempo se ne fregavano dei fisici teorici, così come se ne fregano adesso. Solo dopo la bomba atomica c'è stato un movimento d'interesse verso i fisici, quando hanno visto a che cosa portavano gli studi di certi professori. Del resto, come ha ben evidenziato Leonardo Sciascia nel suo libro 'La scomparsa di Majorana', molte delle lettere di Majorana erano volutamente un po' ambigue. Come se avesse voluto far credere che egli si fosse ucciso, per cui sarebbe stato inutile cercarlo. In una lettera inviata il 25 marzo 1938, e cioè il giorno prima di sparire, al collega Carrelli, per esempio, dice *conserverò un caro ricordo almeno fino alle undici di questa sera, e possibilmente anche dopo*. Per inciso, le undici era l'ora di partenza del traghetto che quella sera avrebbe dovuto trasportarlo da Napoli a Palermo. Insomma, questa ambiguità non era casuale".

E allora che cosa avrebbe fatto nella realtà, secondo lei?

"Io ho ricevuto moltissime testimonianze. Qualcuno mi ha detto che sarebbe andato in Argentina, poi si sarebbe recato in Germania per poco tempo e quindi sarebbe tornato in Italia, dove si sarebbe rifugiato in un convento. Alcune di queste testimonianze sono riuscito a controllarle, altre no. Per esempio, l'ipotesi del convento, che è la più probabile, è confortata da due versioni attendibili. La prima viene da una lettera che il Rettore dell'Università di Napoli, dove Majorana aveva ottenuto una cattedra per chiara fama e meriti speciali, ha spedito alla Direzione Generale Istruzione Superiore del Ministero dell'Educazione Nazionale, ai primi di maggio del 1938. Riferendosi alla nota n. 87966 del 29 aprile 1938 del Questore di Napoli, il Rettore afferma che *'E' emerso soltanto che lo scomparso, pare il 12 corrente, si presentava al Convento di S. Pasquale di Portici per essere ammesso in quell'ordine religioso, ma non essendo stata accolta la sua richiesta, siallontanò per ignota destinazione'*.
Successivamente la polizia scoprì che Majorana si era rivolto anche ad un altro convento nei pressi di

piazza del Gesù Nuovo, il Monastero di Santa Chiara dei Frati Francescani Minori, rinnovando la sua richiesta. Ma non si sa come andò a finire. Quando la famiglia si presentò per fare ricerche, un frate domandò loro. *'Ma perché lo cercate? L'importante è che lui sia felice'*. E poi c'è la pista argentina".

Quante probabilità ci sono che Majorana si sia recato in Sud America?

"Tutto quello che posso dire è che ho avuto la testimonianza di Carlos Rivera, direttore dell'Istituto di Fisica dell'Università Cattolica di Santiago del Cile, il quale sostiene che per due volte è entrato indirettamente in contatto con una persona che si faceva chiamare Ettore Majorana e si qualificava come uno scienziato del gruppo di Fermi. Ma non è sicurissimo quanto egli dice. Secondo il suo racconto, ogni tanto Majorana si sarebbe recato a Buenos Aires dove alloggiava all'Hotel Continental. Io ho chiesto a Giulio Gratton, direttore del Dipartimento di Fisica dell'Università di Buenos Aires e figlio di Livio Gratton, noto astrofisico italiano che viveva in Argentina, di dirmi dove si trovava esattamente il Continental e lui mi ha risposto che non esisteva. Invece è l'albergo più famoso di Buenos Aires. Evidentemente non voleva far sapere nulla. Un'altra volta, sempre questo Rivera, era seduto in un ristorante e scriveva alcune formule sul tovagliolo di carta, come fanno spesso i fisici, e il cameriere gli ha detto che era la seconda persona che vedeva scrivere in quel modo. La prima, ricordava, era un certo Ettore Majorana che andava lì a mangiare. Un'altra testimonianza riguarda una certa signora Talbert, madre dell'ingegner Tullio Magliotti, la quale ha affermato che Majorana era un amico di suo figlio. Dopo aver ricevuto una telefonata del figlio, però, si è chiusa a riccio e non ha più voluto dire niente. Diversi mesi dopo la casa è stata chiusa e non si è saputo più nulla né della signora Talbert né del figlio. Un'altra pista viene dalla signora Blanda de Mora, vedova dello scrittore guatemalteco Asturias, Premio Nobel 1967 per la letteratura. La signora de Mora a Taormina, nel 1974, riferendosi a Majorana, disse: '*A Buenos Aires lo conoscevamo in tanti: fino a che vi ho vissuto, lo incontravo a volte in casa delle sorelle Manzoni, discendenti del grande romanziere*'. Tuttavia non ho mai avuto conferme certe a questo riguardo".

E per quanto riguarda invece la presunta fuga di Majorana in Germania?

"Guardi, io ho conosciuto fisici di tutto il mondo, compreso tedeschi. I fratelli Dubini, di Colonia, hanno girato anche un documentario di due ore su Majorana, intervistando tutti i fisici tedeschi.

Ebbene, nemmeno uno ha mai affermato che Majorana potesse essere stato in Germania dopo la sua scomparsa nel 1938. Questa ipotesi è realmente senza alcun fondamento scientifico".

Eppure, di tanto in tanto, c'è sempre qualcuno che salta fuori con una nuova teoria sulla scomparsa di Majorana.

"E' un fenomeno che si accentuato dopo il 2006, quando abbiamo celebrato i cento anni dalla nascita di Majorana. Purtroppo ci sono certi fisici, che non hanno studiato il caso come dovrebbe essere fatto, che tirano fuori ipotesi vecchie o assurde soltanto per acquisire qualche merito nel campo della fisica o nei media. Il fatto di riconoscere Majorana nella foto di uno sconosciuto che viaggiava in nave con Adolf Eichmann, è tutto dire. Nessuno, compreso la famiglia, ha mai visto una qualche rassomiglianza con Majorana. Insomma, tanto clamore per nulla".

L'ultima leggenda metropolitana: Majorana e la macchina che dà energia

L'ultima leggenda metropolitana sulla scomparsa di Ettore Majorana viene da un libro di prossima pubblicazione. Si tratta del "Dito di Dio" di Alfredo Ravelli, una biografia autorizzata nella quale si raccontano le vicende, e molte disavventure, di Rolando Pelizza. Pelizza, che adesso ha 72 anni e in vita sua non ha mai concesso interviste, non ha esattamente una fama cristallina. Tre mandati di cattura (poi revocati), un periodo di latitanza, conoscenze ad alto livello con ministri e presidenti, la sua immagine pubblica è a metà tra lo scienziato e l'avventuriero. Alla base delle sue disgrazie c'è la famosa macchina che dà energia. E' lui che l'ha sempre gestita, nel bene e nel male. Ed è proprio con lui che il governo italiano nel 1976 fece l'accordo che portò agli esperimenti condotti dal professor Ezio Clementel. Così come fu lui nel 1977 a far saltare un paio di contratti miliardari con il governo americano, allora diretto dal presidente Ford, e con il governo belga, allora presieduto dal primo ministro Tindemann. Per non parlare della lunghissima serie di episodi, quanto mai misteriosi, che di volta in volta (a suo dire) coinvolgerebbero i servizi segreti di mezzo mondo. La storia che riguarderebbe Majorana ha a che fare con l'origine della famosa macchina. Attualmente questo congegno, che si presume liberi positroni dal vuoto provocando altissime forme di energia pulita, è allo studio di una equipe di ricercatori, guidata dal professor Sergio P. Ratti, all'Università di Pavia. Nessuno ha mai saputo quale sia la tecnologia utilizzata dalla macchina, né chi l'abbia ideata. Ebbene, in questo libro, c'è scritto che nel 1958 un allora ventenne Rolando Pelizza, imprenditore bresciano, si era recato per lavoro in un convento campano dove conobbe un frate che tutti chiamavano "il professore". Costui avrebbe preso a benvolere il giovane lombardo e lo avrebbe quindi istruito a nuovi concetti di fisica quantistica per ben quindici anni. La leggenda continua, si legge sempre nel libro, sostenendo che ad un certo punto "il professore" fece costruire al suo allievo la mirabolante macchina in grado di annichilire la materia, impegnandolo, però, a non usarla mai, per nessuna ragione, a scopi bellici. Sembra la trama di un film, se non fosse che comunque la macchina esiste e che, in effetti, Rolando Pelizza fece sempre saltare i suoi contratti miliardari proprio perché non voleva che la macchina venisse utilizzata per fini distruttivi. Tanto per non lasciare dubbi, il racconto ampiamente riportato nel "Dito di Dio" non è suffragato da alcuna prova concreta. C'è solo la parola di Pelizza. Del resto, se c'è chi vorrebbe Ettore Majorana nazista, ci sta pure che qualcuno lo dipinga come ideatore di una nuova e strabiliante tecnologia. L'importante, però, è che queste leggende metropolitane restino per quelle che sono e non vengano spacciate come verità. Il rigore scientifico è un'altra cosa.

RDS

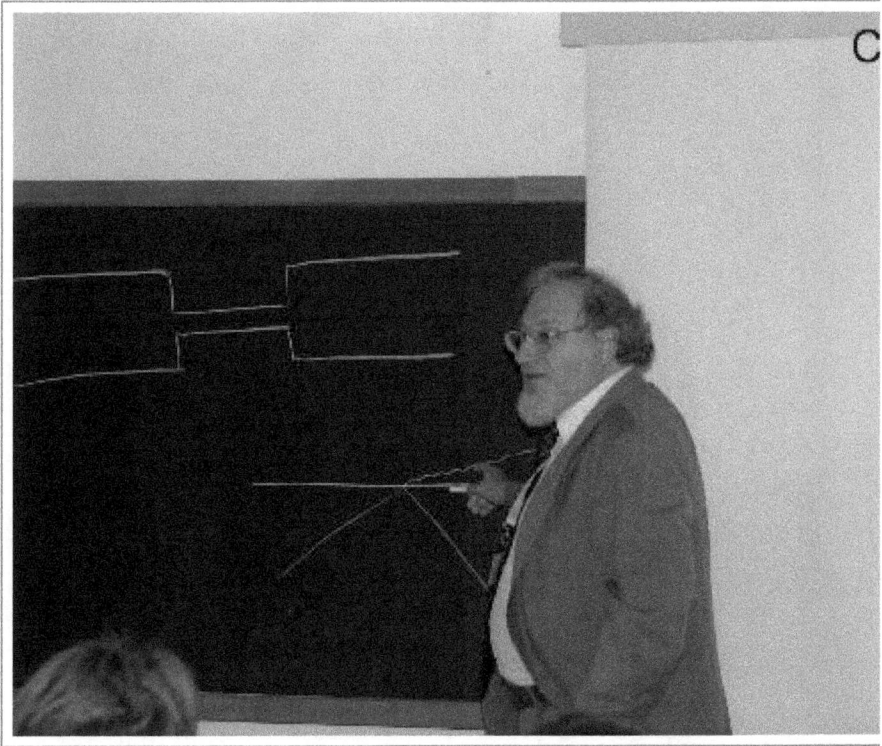

Napoli, 25 marzo 1938-XVI

Caro Carrelli,

Ho preso una decisione che era ormai inevitabile. Non vi è in essa un solo granello di egoismo, ma mi rendo conto delle noie che la mia improvvisa scomparsa potrà procurare a te e agli studenti. Anche per questo ti prego di perdonarmi, ma soprattutto per aver deluso tutta la fiducia, la sincera amicizia e la simpatia che mi hai dimostrato in questi mesi. Ti prego anche di ricordarmi a coloro che ho imparato a conoscere e ad apprezzare nel tuo Istituto, particolarmente a Sciuti: dei quali tutti conserverò un caro ricordo almeno fino alle undici di questa sera, e possibilmente anche dopo.

E. Majorana

Lettera a Carrelli da Napoli. (*Riproduzione vietata*)

39 Il ritorno di Majorana

Dopo 73 anni la Procura di Roma riapre l'inchiesta sulla scomparsa del grande scienziato siciliano: quale misterioso evento ha motivato le nuove indagini?
L'enigma dell'energia da positroni e gli interrogativi sul caso Pelizza. Nel "Dito di Dio", un libro di prossima pubblicazione, si legge che Majorana nel 1938 si sarebbe rifugiato in un convento della Campania dove negli anni settanta avrebbe progettato la macchina in grado di annichilire la materia, senza provocare radiazioni.

di *Rino Di Stefano*

(*RinoDiStefano.com*, Venerdì 17 Giugno 2011)

Che cosa si nasconde dietro la riapertura delle indagini sulla scomparsa del fisico trentunenne Ettore Majorana, ordinario di Fisica teorica all'Università di Napoli, a 73 anni da quel fatidico giorno in cui lo scienziato fece perdere le sue tracce? A porsi questa domanda sono in tanti, anche perché non succede tutti i giorni che la

Procura di Roma prenda una decisione di questo genere, senza spiegare quale nuovo avvenimento sia accaduto per giustificare un atto di questa portata. Non c'è dubbio che la misteriosa scomparsa di Majorana sia uno degli enigmi di maggiore interesse nel mondo scientifico mondiale. Decine di libri sono stati scritti sul fisico catanese, una delle menti più brillanti mai prodotte dall'umanità, che il 27 marzo 1938 decise di sparire per sempre non appena mise piede a terra nel porto di Napoli, scendendo dal traghetto Palermo-Napoli. Da quel momento di lui non si seppe più nulla. E il mistero resta insoluto fino ai giorni nostri.

Adesso, però, il procuratore aggiunto di Roma, Pierfilippo Laviani, ha deciso che è venuto il momento di saperne di più. E per far vedere che non sta scherzando, ha affidato al colonnello dei carabinieri Bruno Bellini, comandante del nucleo investigativo della capitale, l'arduo compito di ripercorrere la vita dello scienziato per arrivare a scrivere l'ultima pagina, quella ancora sconosciuta, della sua biografia.

Ma la squadra del colonnello Bellini non è una squadra qualunque. Si tratta, infatti, di un gruppo altamente specializzato di investigatori della sezione Omicidi. Gli stessi, per intenderci, che a vent'anni dai fatti hanno risolto brillantemente il giallo dell'assassinio della contessa Alberica Filo della Torre, attribuendone la morte all'ex domestico filippino Winston Manuel Reves. In particolare, di questo nucleo investigativo fanno parte sei marescialli, dai 30 ai 50 anni, considerati tra i migliori investigatori a livello nazionale. E saranno proprio loro a dover ricostruire tutto ciò che si nasconde dietro la scomparsa di Majorana, cercando una volta per tutte di risolvere l'intricatissima matassa. Va da se che, se ci dovessero riuscire, la squadra del colonnello Bellini diventerebbe famosa in tutto il mondo.

Una vita da scienziato

Ma vediamo, in sintesi, chi era Ettore Majorana. Nato il 5 agosto 1906 a Catania, era quarto di cinque fratelli e apparteneva ad una famiglia facoltosa, ben nota per l'alto livello di intelligenza dei suoi membri. I suoi fratelli si affermarono tutti nella giurisprudenza, nell'ingegneria e nella musica. Il nonno Salvatore era stato ministro; il padre Fabio era un fisico; lo zio Giuseppe giurista, economista e deputato; lo zio Angelo uno statista; lo zio Quirino, il preferito di Ettore, era un noto scienziato nel campo della fisica sperimentale; lo zio Dante fu giurista e rettore dell'Università di Catania. Ettore, però, aveva il cervello migliore di tutti. Prima di tutto poteva essere definito, prendendo in prestito un termine dei giorni nostri, un "computer umano". Era in grado di fare calcoli complicatissimi a mente, in pochi secondi. Famoso fu il suo primo incontro-scontro con Enrico Fermi, allora titolare della cattedra di Fisica teorica all'Università di Roma, dovuto ad un calcolo che Fermi fece alla lavagna, aiutandosi con un regolo, e Majorana a mente. In ogni modo, il giovane Majorana lasciò la facoltà di ingegneria, dove era iscritto, per passare a quella di Fisica, dove si laureò nel 1930. Già un anno dopo il nome di Majorana era noto in campo internazionale. L'ambasciata sovietica a Roma gli propone di trasferirsi a Mosca per dirigere l'Istituto Superiore di Fisica. E altri inviti gli vengono anche dalle università di Yale e di Cambridge, nonché dalla prestigiosa Carnegie Foundation.

I ragazzi di via Panisperna

Ma lui neanche risponde e resta a Roma, frequentando di tanto in tanto l'Istituto di Fisica di via Panisperna, dal quale usciranno i migliori scienziati dell'epoca, tutti suoi compagni di corso, quali Edoardo Amaldi, Emilio Segrè, Franco Rasetti, Oscar D'Agostino e Bruno Pontecorvo. Fermi, comprendendo l'altissimo valore di Majorana (lo paragonerà a Galileo e Newton), cercherà di convincerlo a partecipare al concorso per professore universitario di Fisica, ma l'altro non lo sta neppure a sentire. Per cui, alla fine, Fermi fece in modo che l'amico fosse nominato titolare della cattedra di Fisica all'Università di Napoli per "meriti eccezionali".

Da notare, però, che dal 1932 al 1936 Majorana non aveva più frequentato l'Istituto di via Panisperna. Solo ed isolato, sempre immerso nei suoi pensieri, un giorno scrisse al fratello Luciano confidandogli: "All'Istituto nessuno capisce nulla. Le mie teorie le possono comprendere solo quattro persone: Bohr, Heisenberg, Dirac e Anderson…".

Comunque, incomprensioni a parte, neanche l'insegnamento a Napoli sembrava soddisfarlo. Arriviamo così alla mattina del 28 marzo 1938 quando, sbarcando dal traghetto Palermo-Napoli, si avvia verso i vicoli della città vecchia scomparendo nel nulla. Inutili, tra l'altro, le indagini della polizia, autorizzate da Mussolini in persona.

Una sparizione misteriosa

Ma che cosa si potrebbe nascondere dietro la decisione di Majorana di sparire per sempre? Su questo enigma, sono state fatte numerose ipotesi. Secondo il professor Erasmo Recami, docente di Fisica e Struttura della Materia presso l'Università Statale di Bergamo, biografo ufficiale di Majorana e autore del documentatissimo libro "Il caso

Majorana", le tracce dello scienziato scomparso portano a due diverse congetture: la pista argentina, cioè l'eventuale presenza di Majorana in Sud America per un certo periodo di tempo, e l'ingresso in un monastero del sud Italia, dove sarebbe vissuto fino alla fine dei suoi giorni. Recentemente la pista sudamericana è stata riproposta da "la Repubblica" e dal "Corriere della Sera", che l'hanno portata a giuustificazione dell'apertura dell'inchiesta da parte della Procura di Roma. Ma, nonostante gli accertamenti eseguiti su una foto in cui alcuni ritengono di riconoscere un Majorana in là negli anni, di sicuro non c'è assolutamente nulla. Di certo, invece, c'è che Majorana, pochi giorni prima della scomparsa, si era presentato al Convento di S. Pasquale di Portici per essere ammesso in quell'ordine religioso. Ma la sua richiesta non venne accolta. E' quindi molto probabile che riprovò in altri conventi. Un dubbio viene, ad esempio, da quanto l'abate di un convento di clausura dichiarò alla madre di Majorana, che lo cercava in ogni dove: "Ma perché lo cerca, signora? – disse il religioso – L'importante è che suo figlio sia felice".

Per inciso, la madre del fisico si rivolse anche a Papa Pio XII in persona per sapere se il figlio si era davvero nascosto in un convento, ma non ebbe mai risposta. Da quel giorno, però, la donna non portò più il lutto per il figlio scomparso.

L'ipotesi del ritiro in convento è stata sposata

anche da Leonardo Sciascia nel suo libro "La scomparsa di Majorana", dove, però, non rivela il nome della struttura che avrebbe accolto lo scienziato. Più preciso è invece il giornalista Sharo Gambino che, nel suo volume "L'atomica e il chiostro", afferma di aver saputo dal frate Francesco Misasi che nella Certosa di Serra San Bruno, in Calabria, "vi era un monaco capace di risolvere in un attimo i calcoli più complicati". Persino Papa Wojtyla, durante una sua visita a Serra San Bruno nel 1984, ricordò che il monastero "aveva dato ospitalità al grande scienziato Ettore Majorana". Quelle notizie disturbarono parecchio i frati della Certosa che nel libro "Serra San Bruno e la Certosa" di Ceravolo-Luciani-Pisani, bollarono come "falsità" questa teoria, smentendo persino il Papa.

Se, in effetti, Majorana avesse deciso di trascorrere il resto della sua esistenza tra le sicure mura di un convento, ci sarebbe da domandarsi che cosa lo avesse indotto a prendere una drastica decisione come quella. C'è chi dice che fosse arrivato prima di Fermi alla scoperta dell'energia nucleare e che, quindi, per non rivelare nulla, avesse deciso di nascondersi. Ma una simile spiegazione non sta in piedi, tanto più che la bomba nucleare venne comunque realizzata e poi drammaticamente utilizzata a Hiroshima e Nagasaki, con buona pace di Majorana. Allora, perché scomparire?

Il segreto della materia

Un'interessante ipotesi viene proposta dal fisico portoghese Joao Magueijo, docente di Teoria della relatività generale all'Imperial College di Londra, il quale nel suo libro "La particella mancante" avanza l'ipotesi che Majorana avesse scoperto il vero segreto della materia. E, per non rivelarlo, avesse deciso di sparire. Che cosa significa? L'unica traccia giunta fino a noi, è un quadernetto dove il fisico ha scritto la sua "Teoria simmetrica dell'elettrone e del positrone". Quest'ultimo sarebbe un elettrone con carica positiva, per cui se un positrone si scontrasse con un elettrone, che ha carica negativa, avverrebbe l'annichilimento della materia in energia pura. In altre parole, banalizzando al massimo il concetto, se si riuscissero ad ottenere dei positroni, si potrebbe ottenere una reazione controllata che porterebbe alla realizzazione di energia pura, senza radiazioni di sorta. In un certo senso, una reazione "naturale", senza sconvolgimenti atomici.

Si tratta, al momento, di fantascienza pura. In quanto la scienza è ben distante da una tecnologia di questo tipo. Anche se al Cern di Ginevra, con un'enorme dispendio di energia, sono già riusciti ad ottenere degli anti-atomi di idrogeno nell'ambito del progetto Athena.

La domanda, a questo punto, è: e se Majorana

avesse davvero scoperto come produrre positroni?
Non cui vuole molta immaginazione per intuire
come potrebbe essere utilizzata un'invenzione del
genere se finisse nelle mani sbagliate…

Il caso Pelizza

Eppure, da qualche tempo, c'è qualcuno che
afferma di avere costruito, su progetto di Majorana,
una macchina in grado di produrre positroni dal
vuoto assoluto. E, quindi, di generare energia
pulita praticamente a costo zero. E qui, torniamo
alle indagini della Procura di Roma. Infatti,
dovrebbe essere la magistratura ad accertare se
queste dichiarazioni sono il frutto di farneticazioni,
o se dietro ci sia qualcosa di vero. Ma vediamo di
che cosa si tratta.
L'autore di queste dichiarazioni si chiama Rolando
Pelizza e la sua testimonianza è stata affidata ad
un libro di prossima pubblicazione, "Il dito di Dio",
di cui è autore Alfredo Ravelli. Pelizza e Ravelli,
entrambi del 1938, provengono da Chiari, in
provincia di Brescia, e sono legati da un vincolo di
parentela. Pelizza, che ha avuto una vita piuttosto
movimentata e avventurosa, ha affidato le sue
memorie a Ravelli, il quale ne ha fatto un libro
piuttosto ben documentato. Il problema è che certe
dichiarazioni di Pelizza sono alquanto eclatanti e, a
questo riguardo, non ha fornito alcuna prova
materiale che le avvalori.

Facciamo un esempio. Nel libro, Pelizza afferma che nel 1958, durante un suo soggiorno di lavoro nel Meridione, venne condotto per caso all'interno di un convento e qui conobbe un frate che tutti chiamavano "il professore". Secondo il suo racconto, questo "professore" lo prese a ben volere e, poco per volta, gli avrebbe insegnato i criteri di una nuova fisica, fino ad oggi sconosciuta. Solo dopo un po', il frate "professore" avrebbe confessato di essere Ettore Majorana. Non solo: al suo allievo, avrebbe anche insegnato come costruire una macchina che produrrebbe positroni dal vuoto assoluto. L'unica condizione che gli avrebbe imposto, sarebbe quella di utilizzare questa tecnologia solo a fini civili.

Dal racconto passiamo ai fatti concreti. Nel 1976 Pelizza, grazie all'intercessione di Massimo Pugliese, ex colonnello del Sid, mise la sua macchina a disposizione del governo italiano, allora presieduto da Giulio Andreotti, per farne verificare l'efficacia. Nel dicembre del 1976 il professor Ezio Clementel, docente di Fisica presso l'Università di Bologna e presidente del CNEN, supervisionò un esperimento con quella macchina, affermando nella sua relazione finale che "in ogni caso, anche nell'ipotesi non ancora escludibile di fascio laser, le energie e soprattutto le potenze in gioco, si porrebbero al di là dei limiti dell'attuale tecnologia". La relazione venne inviata all'On. Loris Fortuna, presidente della Commissione Industria della Camera dei Deputati, affinché la consegnasse al Presidente del Consiglio.

Questo accadeva nel 1976. Successivamente ci furono altri sviluppi che, di volta in volta, avrebbero coinvolto anche il governo belga, il governo USA e il Vaticano.

Ma quanto c'è di vero in questi rapporti internazionali? Quanto è fantasia e quanto è realtà documentata? L'enigma, a tutt'oggi, resta irrisolto. Anche se diversi indizi lasciano pensare che non lo sarà ancora per molto.

*

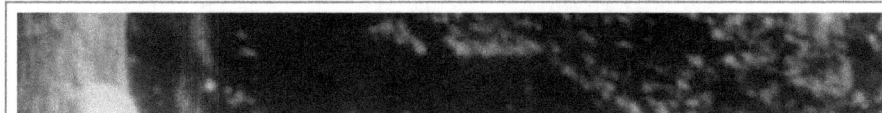

© E. Recam

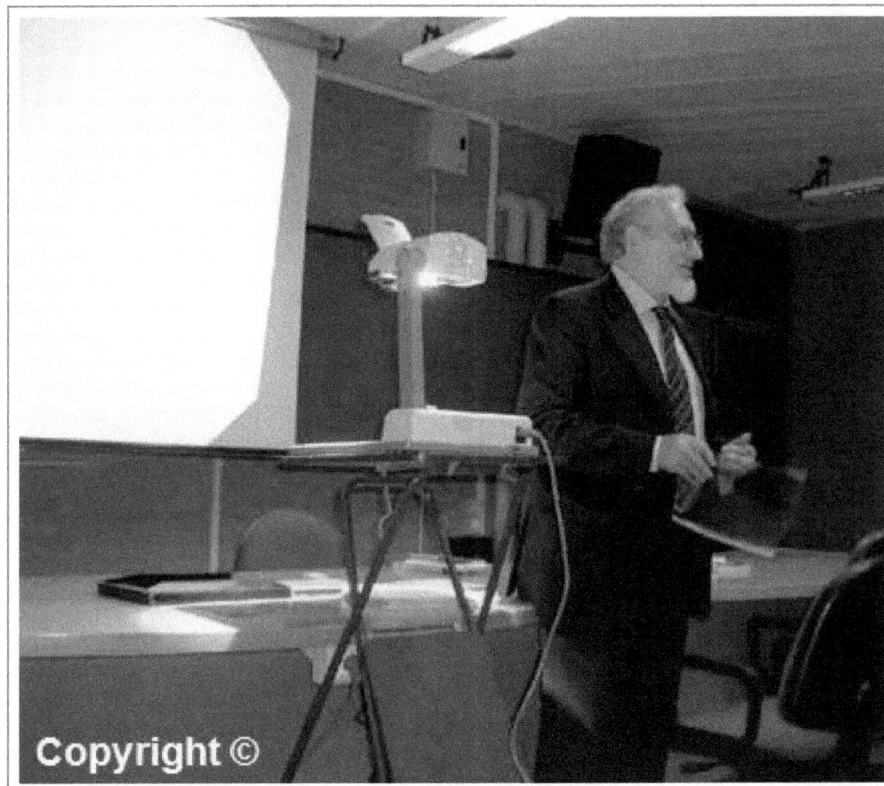

Erasmo Recami

Il caso
MAJORANA

epistolario, documenti, testimonianze

DR
Di Renzo Editore

40 Il mistero Majorana tra annunci e ipotesi

Prima arriva "Chi l'ha visto" su Rai Tre, poi "La Repubblica" e infine il "Corriere della Sera".
Ma di certo non c'è nulla di concreto e gli investigatori della Procura di Roma continuano il loro lavoro.

di *Rino Di Stefano*

(*RinoDiStefano.com*, Sabato 25 Giugno 2011)

In attesa che la Procura di Roma annunci al mondo il risultato delle sue indagini sulla scomparsa del fisico Ettore Majorana nel 1938 (cosa che finora non ha fatto, in quanto siamo ancora nella fase istruttoria dell'inchiesta), ritengo che sia utile per il lettore un piccolo chiarimento per comprendere come realmente stiano le cose in questa vicenda che sta appassionando il mondo intero. Premesso che fino ad oggi nessuno ha la più pallida idea di dove, e come, sia finito lo scienziato siciliano 73 anni fa, è bene specificare a lettere capitali che tutte le ricostruzioni fin qui presentate dai media sulla sorte di Majorana, sono soltanto delle pure e semplici ipotesi. Di fatto, nessuno ha prove certe sul perché quella mattina del 28 marzo 1938 il trentunenne ordinario di fisica teorica all'Università di Napoli abbia deciso di dimettersi dal mondo. Così come nessuna eventuale teoria sulla sua scomparsa ha mai portato ad una qualche verificabile verità. Se così non fosse, non si potrebbe parlare di "mistero Majorana", quale a tutti gli effetti è. Premesso dunque che nessuno ha la verità in tasca, non sarebbe né serio né corretto far credere a chi legge che, improvvisamente, il giallo abbia trovato una soluzione. Oppure, che il giallo stia per essere svelato. Allo stato attuale delle cose, non è affatto così. Siamo ancora in alto mare e si naviga a vista. Ultimamente ci sono state tre autorevoli fonti a cimentarsi su questo fronte. La prima è stata la trasmissione su Rai Tre "Chi l'ha visto", condotta da Federica Sciarelli. Un giorno, nel 2008, un telespettatore telefona sostenendo che nel 1955 avrebbe conosciuto Ettore Majorana a Valencia, in Venezuela, dove lo scienziato si sarebbe fatto chiamare "signor Bini". Non ha importanza il fatto che questo presunto testimone, successivamente interrogato dai carabinieri, non sia poi riuscito a dare alcuna indicazione utile alle indagini. Una volta che la presunta notizia arriva sui teleschermi, è fatta: vera o falsa che sia, diventa comunque attendibile. A prescindere dalla verità dei fatti. La seconda fonte, invece, è "La Repubblica" che, con un ampio inserto pubblicato domenica 17 ottobre 2010, a firma di Luca Fraioli, ha presentato un'ipotesi avanzata da Giorgio Dragoni, ordinario di storia della fisica all'Università di Bologna. Secondo il professor Dragoni, in una vecchia fotografia che ritrae tre uomini a bordo della "Giovanna C", in viaggio nell'Oceano Atlantico in un periodo compreso tra la partenza da Genova il 17 giugno 1950 e l'arrivo a Buenos Aires il 13 luglio 1950, si riconoscerebbero i tratti di Majorana nel primo, da sinistra, dei soggetti fotografati. Il secondo, quello al centro, era invece Adolf Eichmann, l'ex generale delle SS colpevole di aver fatto sterminare sei milioni di ebrei nei lager nazisti. La foto venne pubblicata nel libro "Giustizia, non vendetta" di Simon Wiesenthal, il cacciatore di criminali nazisti, dalla Mondadori Editore nel 1990. L'articolo di Fraioli è ineccepibile. Da cronista, si limita a presentare l'ipotesi del professor Dragoni, facendo notare la pur vaga somiglianza tra il passeggero sconosciuto, come appare nella didascalia del libro, e la persona di Majorana. Anche se le vistose orecchie a sventola del misterioso passeggero basterebbero da sole a escludere che quella persona fosse lo scienziato scomparso. Altri articoli nello stesso inserto parlano poi di una probabile simpatia di Majorana per il regime nazista, a causa di una lettera che egli scrisse nel 1933 da Lipsia. Ma anche in questo caso si tratta di interpretazioni soggettive, e non verificabili, da parte di chi le propone.

La terza fonte, infine, è il "Corriere della Sera" che, in un articolo pubblicato martedì 7 giugno 2011, a firma di Fiorenza Sarzanini, riporta tanto la notizia televisiva, quanto quella pubblicata da "Repubblica", in un cocktail di difficile interpretazione. Per esempio, dimentica di dire che la testimonianza sul presunto signor Bini non ha portato a nulla di concreto. Riferisce invece, e questa è una notizia nuova, che i carabinieri del Ris hanno individuato tra la foto di Bini e quella del giovane Majorana dieci punti in comune. Questo particolare è sufficiente per poter affermare che quella foto ritrae proprio Majorana? Chiaramente no, anche perché decine di individui possono avere qualche somiglianza tra loro e inoltre la foto di Bini, che nel 1955 avrebbe avuto tra i 50 e i 55 anni, non è facilmente accostabile a quella del giovane Majorana. Eppure, il titolo dell'articolo non lascia adito a dubbi: "E' il volto di Majorana, 10 punti uguali". E se lo dice un giornale serio e autorevole come il "Corriere della Sera", vuol dire che il mistero Majorana è bello che risolto. Non vi pare? Peccato che nell'articolo non appaia la foto del presunto signor Bini (dove le differenze saltano comunque agli occhi) e che la foto del passeggero della "Giovanna C" (altro presunto sosia) si dica che è stata invece scattata in Germania nel 1950 e non a bordo della nave.

Intendiamoci, gli errori li facciamo tutti. E mi

guardo bene dal gettare la croce su un collega per una cosa di questo genere. Il problema è che la scomparsa del fisico Ettore Majorana è una vicenda molto più complessa di quanto non si possa pensare. Se soltanto si volesse leggere il libro "Il caso Majorana" (Di Renzo Editore) di Erasmo Recami, docente di fisica e struttura della materia presso l'Università Statale di Bergamo, conosciuto in tutto il mondo come massimo biografo di Majorana, ci si renderebbe conto che quelle che oggi vengono improvvisamente annunciate come "novità", sono state scoperte da anni e non hanno mai portato ad alcuna pista concreta. Recami parla già della pista sudamericana, collocandola però nella più probabile Argentina. E non mancano le testimonianze, serie e credibili. Tanto che si potrebbe supporre che, per un certo periodo di tempo, Majorana sia stato realmente da quelle parti. Oppure che qualcuno si fosse fatto passare per lui. Anche se il suo passaporto (n. 194925) scadeva nell'agosto del 1938 e, per farlo rinnovare, egli si sarebbe dovuto recare presso un qualche consolato italiano. Ma, se lo avesse fatto, sarebbe stato subito riconosciuto e fermato, in quanto Mussolini in persona aveva dato disposizioni alle forze dell'ordine e ai servizi segreti di investigare in tutte le direzioni per cercarlo e fermarlo, ovunque si trovasse. In quegli anni, infatti, Ettore Majorana era in cima alla lista dei ricercati. Per inciso, quel passaporto non venne mai rinnovato.

Un altro scrittore degno di essere menzionato è il portoghese Joao Magueijo, docente di teoria della relatività generale all'Imperial College di Londra, che nel suo libro "La particella mancante" (Rcs Libri Spa), sostiene apertamente che "il neutrino di Majorana è oggetto di esperimenti in tutto il mondo e gli studi su di esso potrebbero modificare l'attuale modello della fisica delle particelle". Volgarizzando al massimo il concetto, significherebbe che il fisico siciliano potrebbe aver scoperto il segreto della materia, la qual cosa modificherebbe la fisica come oggi la conosciamo. L'uomo Majorana, del resto, era un personaggio assolutamente complicato. Un genio, una mente che arrivava fino ai confini dell'immaginabile (Enrico Fermi lo paragonava a Galileo e a Nerwton), ma anche un uomo estremamente tormentato per gli effetti che avrebbero potuto avere i risultati delle sue scoperte. Un simile individuo, psicologicamente parlando, difficilmente cercherebbe l'oblio in un altro Paese, lontano dal suo. Sarebbe molto più comprensibile, invece, se cercasse di nascondersi al mondo nella clausura e nella pace interiore di un convento. Lo ha fatto? Ad oggi, nessuno può dirlo. E' comunque singolare che il 5 ottobre del 1984 Papa Giovanni Paolo II volle recarsi a visitare la Certosa di Serra San Bruno, nei pressi di Lamezia Terme, in Calabria, dove affermò senza mezzi termini che proprio quel convento di clausura avrebbe ospitato il grande scienziato Ettore Majorana. La notizia venne anche riportata in un articolo di Ettore Mo l'8 ottobre del 2002 sul "Corriere della Sera". I frati negarono, smentendo anche il Papa. Eppure è proprio su quel convento che si era soffermata l'attenzione di Leonardo Sciascia nel suo libro "La scomparsa di Majorana" (Adelphi Edizioni), e del giornalista Sharo Gambino nel volume "L'atomica e il chiostro" (Qualecultura Edizioni).

Ma, forse, ciò che dovrebbe far pensare di più è il fatto che quando la madre di Majorana, Dorina Corso, andò a bussare alle porte di quel convento, il priore non la volle far entrare ma le disse: "Ma signora, se suo figlio è felice così, perché lo cerca?". Da quel giorno, infatti, la madre di Majorana non portò più il lutto e in punto di morte inserì il figlio scomparso nel suo testamento, convinta com'era che egli fosse ancora in vita. Che cosa nascondono, dunque, le mura di quella Certosa calabrese? Fino ad oggi non lo sa nessuno. Una curiosità, per finire. Domenica 9 ottobre 2011 il pontefice Benedetto XVI visiterà la diocesi di Lamezia Terme e la Certosa di Serra San Bruno. Durante la mattinata il Papa si recherà nella città calabrese per la Messa, seguita dall'Angelus. Nel pomeriggio si trasferirà nel convento di Serra San Bruno, per la celebrazione dei Vespri con la comunità dei certosini. In serata, infine, tornerà in Vaticano. La visita pastorale avverrà a 27 anni esatti da quella di Giovanni Paolo II. Ma è una coincidenza, ovviamente.

41 Il raggio della morte e il caso Pelizza

(Giovedì 7 Giugno 2012)

Alle **21,15** di **Giovedì 21 Giugno 2012**, il programma tv **"Mistero"** su **Italia1**, si occuperà del cosiddetto "raggio della morte", ovvero l'energia gratuita che ci tengono nascosta. Nel corso della trasmissione **Marco Berry**intervisterà il giornalista **Rino Di Stefano**, il quale ha scritto sull'edizione nazionale de *Il Giornale* due ampi articoli su quello che indubbiamente è uno dei casi più misteriosi e controversi del panorama scientifico-politico degli ultimi cinquant'anni. All'origine della vicenda c'è un uomo, **Rolando Pelizza**, del quale la cronaca dei giornali ha dipinto un quadro a metà tra lo scienziato e l'avventuriero. Pelizza venne alla ribalta nel 1976 quando contattò il governo italiano dell'epoca, allora presieduto da Giulio Andreotti, per offrire una macchina che, a suo dire, annichilirebbe la materia, trasformandola in energia pura. Il governo affidò al professor **Ezio Clementel**, presidente del CNEN e docente di fisica presso l'Università di Bologna, il compito di verificare il funzionamento dello strumento. L'esperimento venne effettuato tra la fine di novembre e i primi di dicembre 1976, seguendo un protocollo di quattro prove, e fu positivo. Il professor Clementel presentò una relazione nella quale affermava che l'energia sprigionata andava ben oltre la tecnologia conosciuta. L'esperimento venne filmato e le riprese vengono presentate per la prima volta giovedì sera a *Mistero*.

A quel punto entrarono in ballo gli Stati Uniti, il governo italiano si tirò indietro e un oblio artificiale calò su Pelizza e la sua macchina.

Nel corso del programma, Di Stefano parla di alcuni degli argomenti più significativi della storia. Il mistero, infatti, si infittisce ancora di più con il racconto di Pelizza che coinvolge la figura di **Ettore Majorana**, il celebre fisico scomparso nel nulla nel 1938.

Il raggio della distruzione

Una macchina in grado di produrre energia gratuita e illimitata,
un raggio capace di vaporizzare la materia, un intrigo internazionale:
gli ingredienti di un'incredibile storia vera

narrata dal giornalista che l'ha scoperta e
documentata...

di *Rino Di Stefano*

(*Mistero Magazine*, n°4, Mercoledì 24 Aprile 2013)

Tutto iniziò tra il 4 e il 5 dicembre 1976 quando, in
segreto e nella massima riservatezza, furono
svolte le prove previste dal protocollo Clementel. Il
professor Ezio Clementel, ordinario di Fisica
all'Università di Bologna, era il presidente del
Comitato Nazionale per l'Energia Nucleare
(CNEN) e aveva ricevuto l'incarico di verificare il
funzionamento della macchina direttamente da
Giulio Andreotti, presidente del Consiglio nel
governo in carica. L'ordine era chiarissimo:
accertare se quel dispositivo fosse davvero in
grado di creare energia pulita, in quantità indefinite
e a costo zero. A sostenere questa sconvolgente
teoria, era Rolando Pelizza, classe 1938,
contitolare insieme al colonnello Massimo
Pugliese del SISMI (il servizio segreto militare),
della società Transpraesa, con sede a Vaduz, nel
Liechtenstein. Pelizza non si definiva l'inventore
della macchina, bensì soltanto il custode. Secondo
lui, il meccanismo, azionato da cinque motorini
alimentati da una comune batteria d'automobile,
riusciva a produrre positroni (cioè elettroni con

carica positiva) dal vuoto. Questi positroni, che si potevano ottenere di qualunque tipo presente nella Tavola periodica degli elementi, venivano poi "sparati" all'esterno alla velocità della luce e, colpendo il bersaglio, lo annichilivano trasformando la materia solida in energia pura. Esempio: da un grammo di ferro si poteva ottenere il calore sviluppato da 15 mila barili di petrolio.

Il protocollo di Clementel prevedeva quattro prove che stabilivano i modi in cui lastre di acciaio inox, alluminio e plexiglass dovevano essere perforate, a distanze predefinite dalla macchina. Inoltre, bisognava dimostrare che i raggi potessero passare attraverso diversi materiali (senza danneggiarli), per colpirne altri. La macchina superò brillantemente tutti i test e l'esperimento venne ripreso da una telecamera collegata ad un videoregistratore AKAI VT110. Quei filmati sono giunti fino a noi. In seguito ai risultati, il professor Clementel preparò una relazione nella quale scrisse di proprio pugno che "nel caso della vaporizzazione del metallo, la potenza totale del fascio salirebbe a 40.000 Kw e la densità di potenza a 4000 Kw/cm^2". Una grandezza tale, affermava Clementel, che lasciava ben pochi dubbi circa l'enorme potenzialità dello strumento. "In ogni caso – concludeva il professore -, anche nell'ipotesi non ancor escludibile di fascio laser, le energie e soprattutto le potenze in gioco, si porrebbero al di là dei limiti dell'attuale tecnologia".

Tuttavia, Clementel escludeva "che si trattasse di fasci di anti-particelle o di anti-atomi".

Clementel inviò subito la sua relazione all'On.le Fortuna e questi, dopo averla letta, il 5 gennaio 1977 la consegnò direttamente ad Andreotti.

E' su questa base che negli anni successivi si formò il mito di quella che venne definita "la macchina del raggio della morte".

Dal momento che stiamo parlando di una storia vera e non di un racconto di fantascienza, i risvolti furono moltissimi, coinvolsero un cospicuo numero di politici ben noti a livello internazionale e, in un secondo tempo, forse anche il Vaticano. Tanto per fare una breve citazione, i rapporti di Pelizza con il governo Andreotti naufragarono in un nulla di fatto, quando egli si rifiutò di seguire certe disposizioni che aveva ricevuto. Lo stesso avvenne con il governo americano, allora guidato dal presidente Gerald Ford, e con il governo belga, presieduto dal primo ministro Leo Tindemans. Il motivo è presto spiegato.

Gli americani, attraverso l'ingegnere Mattew Tutino, inviato personale di Ford, chiesero a Pelizza di distruggere un satellite, del quale gli avevano fornito le effemeridi. I belgi, invece, pretendevano che distruggesse un carro armato nella loro caserma di Braschaat, nei pressi di Anversa. Ma Pelizza non voleva (e non vuole) che la sua macchina venga utilizzata per fini bellici. E si rifiutò. Anche perché, disse, lo aveva promesso al suo "maestro".

Ma chi è questo "maestro"? E da dove saltava fuori? Fino agli anni ottanta, Pelizza raccontava che la macchina l'avrebbe avuta da un soldato tedesco, in ritirata dopo il 1945. Era una bugia, una delle tante che costellano la storia di questa macchina. Adesso, invece, cambiava versione e sosteneva che a inventare la macchina fosse stato uno scienziato, dal quale lui avrebbe appreso le nozioni di una nuova fisica. E qui entriamo in una dimensione alla quale Pelizza ci chiede di credere, nonostante non abbia mai fatto nulla per dimostrarne la veridicità. Secondo il suo racconto, nel 1958, all'età di vent'anni, egli si sarebbe trovato in un convento di clausura del Sud Italia per ragioni di lavoro. Probabilmente per consegnare una partita di calzature, proveniente dall'azienda di famiglia. Nel convento, il giovane avrebbe conosciuto un frate cinquantenne che gli altri religiosi chiamavano con rispetto "il professore". Costui lo avrebbe preso in simpatia e gli avrebbe insegnato i principi di una nuova e rivoluzionaria fisica. Sarebbe stato sempre questo frate a insegnargli come costruire la famosa macchina e a rivelargli, dopo alcuni anni, che il suo nome sarebbe stato Ettore Majorana. Si tratterebbe, dunque, del famoso scienziato, ordinario di Fisica presso l'Università di Napoli, scomparso nel nulla nel marzo del 1938. Ma c'è un qualche elemento di certezza che dimostri, al di là di ogni ragionevole dubbio, che Pelizza stia dicendo la verità? La risposta è sempre no. Per quanto ne sappiamo, Majorana potrebbe esserci soltanto nella mente di quest'uomo. L'unico vero interrogativo, caso mai, è chi potrebbe avere ideato una macchina di quel livello, sempre che esista ancora oggi e che sia davvero in grado di annichilire la materia.

Di certo, nel corso degli anni sono accadute molte cose a Pelizza. Nel 1984 il giudice Carlo Palermo arrivò al punto di accusarlo di aver costruito "un ordigno bellico senza autorizzazione" e lo portò sul banco degli imputati nel famoso processo di Trento. Ma venne assolto. Nel 1996, invece, un suo conoscente si appropriò delle notizie inerenti la sua storia e creò, senza il suo consenso, la Fondazione Internazionale Pace e Crescita con sede a Vaduz, nel Liechtenstein. La Fondazione venne chiusa nel 2002, quando il gioco venne scoperto.

Pelizza, per evitare altri dispiaceri, si rifugiò quindi in Spagna, lasciando moglie e tre figli nella natia Chiari. Vive ancora oggi, da solo, nell'area di Barcellona. Secondo una leggenda che ormai si è creata intorno alla sua persona, l'uomo sarebbe vittima di non meglio specificati servizi segreti americani che lo obbligherebbero da anni a lavorare (gratis) per loro. Nessuno, però, è in grado di dimostrare l'esistenza di questi 007 aguzzini o provare, come mormorano i suoi amici, che si sarebbe rivolto al Vaticano per farsi difendere dall'oppressione degli agenti a stelle e strisce. Così come nessuno sarebbe in grado di giurare sulla reale esistenza della sua macchina. Eppure, ora che ha superato la soglia dei 75 anni, forse dovrebbe cominciare a domandarsi quale ricordo resterà di lui, quando non ci sarà più. Il suo cruccio è quella domanda ("Scienziato o truffatore?") che i media gli hanno appiccicato addosso quando parlavano di lui. Eppure, quasi tutti coloro che lo conoscono, ne hanno una buona impressione. "A me deve un milione e mezzo di euro – racconta un suo amico imprenditore – ma so che prima o poi riavrò indietro il mio denaro. Il problema è che lo perseguitano, lo so. Ma un giorno tutto finirà e mi restituirà quanto mi deve. Ne sono certo…".

Intanto, in attesa di quel giorno, è giusto domandarsi se e quando Pelizza deciderà di mettere la parola fine alla sua misteriosa, incredibile e controversa storia.

IL DOCUMENTO

COMITATO NAZIONALE
PER L'ENERGIA NUCLEARE

IL PRESIDENTE

00198 ROMA, 26 novembre 1976
VIALE REGINA MARGHERITA, 125

Caro Presidente,

Le invio, come convenuto ieri, il materiale per le prove
previste nel corso della prossima settimana.

Allego alla presente un elenco delle prove richieste.

In attesa di una Sua telefonata per la data e la sede dell'in
contro, voglia gradire intanto i migliori cordiali saluti.

Con un cordiale saluto

Suo Ezio Clementel

(Prof. Ezio Clementel)

1 all.

On.le
Avv. Loris FORTUNA
Presidente della Commissione Industria
Camera dei Deputati
Piazza del Parlamento, 24
R O M A

ELENCO DELLE PROVE RICHIESTE

Prova n. 1

Porre lastra n. 1 (plexiglas) a 2 metri dall'uscita in aria del fascio -

Porre la lastra n. 2 (acciaio inox) a O, 5 metri dietro la lastra n. 1 -

Richiesta : perforare la lastra n. 2 in posizione centrale senza danneggiare la lastra n. 1.

Prova n. 2

Porre lastra n. 3 (acciaio inox) a 2 metri dall'uscita in aria del fascio -

Porre la lastra n. 4 (plexiglas) a 0, 5 metri dietro la lastra n. 3 -

Richiesta : perforare la lastra n. 4 in posizione centrale senza danneggiare la lastra n. 3.

Prova n. 3

Porre la lastra n. 5 (acciaio inox) progressivamente a distanza di 1, 2 e
4 metri dall'uscita in aria del fascio -

Richiesta : effettuare perforazione della lastra alle distanze indicate -
segnare poi sulla lastra, in corrispondenza dei fori, la distanza
alla quale sono stati prodotti.

Prova n. 4

Porre la lastra n. 6 (alluminio) a 5 metri dall'uscita in aria del fascio -

Richiesta : Effettuare il taglio della lastra parallelamente al lato maggiore.

NB - Tutte le lastre sono state già numerate con vernice nera.

42 Diventa un film l'inchiesta de "Il Giornale" sull'energia nascosta

In un documentario per la Radiotelevisione Svizzera (RSI) l'incredibile storia della macchina che annichilirebbe la materia producendo enormi quantità di calore a costo zero

di *Rino Di Stefano*

(*RinoDiStefano.com*, Mercoledì 7 Maggio 2014)

L'inchiesta del "Giornale" sull'energia nascosta è diventata un film. A realizzarlo è stata la Frama Films International di Lugano, per conto della RSI, la Radiotelevisione Svizzera. A dirigere il film documentario, in qualità di produttore e regista, è stato Victor Tognola, uno dei più noti professionisti svizzeri del settore cinematografico. Tognola, infatti, nel corso della sua lunga carriera ha vinto 13 Leoni al Festival Internazionale della Creatività Leoni di Cannes e ulteriori riconoscimenti al

Berliner Klappe di Berlino e al Grand Award di New York.

Tognola mi ha contattato dopo aver letto i miei articoli sul "Giornale". In quel periodo, egli stava preparando il suo documentario sullo scomparso Hannes "Pussy" Schmidhauser, film che successivamente presentò con successo al Festival Internazionale del Cinema di Locarno. Schmidhauser era un noto attore, nonché ex capitano della nazionale di calcio svizzera, nativo del Ticino. Infatti, parlava correntemente sia l'italiano che il tedesco. Come attore, ha lavorato anche in Italia. Ebbene, indagando sulla vita di Hannes, Tognola scoprì che, per un lungo periodo di tempo, egli era stato socio di Rolando Pelizza per attuare il programma chiamato "Scorie CH", tramite la società "Peace-Power SA". In pratica, questa impresa avrebbe dovuto eliminare le scorie radioattive delle centrali nucleari svizzere, uno dei maggiori problemi tecnico-ambientali della Confederazione Elvetica. Per attuare questo progetto (che persino oggi viene considerato impossibile), si doveva utilizzare la macchina di Pelizza per annichilire la materia. Il programma era considerato tanto attuabile da richiamare la presenza di noti banchieri elvetici nel consiglio di amministrazione della "Peace-Power SA". Tutto, quindi, procedeva bene, quando improvvisamente, poteri occulti di origine sconosciuta impedirono di fatto il proseguimento dell'opera. La prematura morte di Schmidhauser mise fine una volta per tutte all'avveniristico progetto.

Ebbene, dopo aver letto i miei articoli (dove si citava il ruolo di Pelizza quale "manovratore" della fantomatica macchina), Tognola mi contattò per saperne di più. In un primo tempo voleva inserire una mia intervista nel film dedicato a Schmidhauser, poi decise di soprassedere e di dedicare un intero film documentario all'argomento. Nacque così il progetto del documentario "La macchina infinita", un film di Victor Tognola ispirato alla mia inchiesta sul "Giornale".

Le riprese del film sono iniziate nell'estate del 2013. Inizialmente, pensavamo di poter contare sull'aiuto di Pelizza, affinché raccontasse in prima persona la sua incredibile storia sulla famosa macchina. Come avevo già pubblicato, Pelizza fece i suoi primi esperimenti pubblici nel 1976 per il governo italiano, allora presieduto da Giulio Andreotti, sotto il controllo del professor Ezio Clementel, presidente del CNEN e ordinario di Fisica all'Università di Bologna. Gli esperimenti, che seguirono un protocollo voluto dal professor Clementel, andarono bene. Lo stesso docente scrisse l'esito delle prove in una relazione che è giunta fino a noi. Poi, con l'ingresso dei governi americano e belga nell'operazione, la vicenda si complicò e Pelizza si diede alla macchia. La storia è lunga da raccontare, ma basti sapere che ad un certo punto Pelizza venne colpito da tre mandati di cattura internazionali (poi revocati) e accusato di aver costruito una letale arma da guerra definita dal giudice Carlo Palermo "Il raggio della morte". Anche in quel caso Pelizza venne assolto, ma preferì emigrare per evitare di avere a che fare ulteriormente con la giustizia italiana. Da allora vive in Spagna, pur avendo la famiglia a Chiari, in provincia di Brescia. Anche se abbastanza spesso torna per brevi periodi in Italia.

Nel corso degli anni Ottanta, Pelizza venne più volte accusato dalla stampa italiana di essere un truffatore, anche se di fatto nessuno lo aveva mai denunciato per questo reato. Risulta, però, che solo un periodico, la rivista "OP" di Mino Pecorelli, un giorno raccontò nel dettaglio l'odissea di Pelizza, sostenendo che intorno a lui giravano da anni "servizi segreti, Nato, uomini politici di primo piano, costruttori, industriali, governi, diplomatici e last but not least, il Vaticano". Nessuno, però, è mai riuscito di fatto ad accertare questi collegamenti. Almeno, non tutti…

Di certo c'è che fino ad oggi Rolando Pelizza non ha mai svelato a nessuno il mistero della sua macchina, né ha mai parlato dei contatti che ha tenuto, o tiene, con poteri occulti mai definiti. Ho dunque domandato a Pelizza se voleva cogliere l'occasione di questa produzione cinematografica svizzera per raccontare la sua verità, ma è stato inutile. Una trattativa c'è stata, ma non ha portato a nulla. Pelizza era nell'ombra e nell'ombra è rimasto, nonostante Tognola si dicesse più che disponibile a dargli spazio nel film. Dunque, dovevamo fare senza di lui.

La sceneggiatura del film non è stata mai scritta. Si può dire che fosse interamente nella mente di Tognola. Prima di tutto gli serviva una location, come si dice nel gergo cinematografico, molto particolare. Voleva un antico convento, ambienti molto suggestivi dove realizzare scene di carattere monastico. Non fu facile accontentarlo. Grazie all'aiuto di un amico, Mauro Casale, storico di Torriglia e del suo territorio, saltò fuori la possibilità di girare per un paio di giorni nell'abbazia del Santuario Nostra Signora di Montebruno, in Val Trebbia. Il parroco della zona, Don Pietro Cazzulo, fu molto disponibile e ci mise a disposizione diversi locali.

Le riprese dovevano continuare con nuove scene che necessitavano di un altro tipo di sfondo, sempre di tipo religioso. Anche in questo caso, grazie all'aiuto di Enrico M. Remondini, l'imprenditore che aveva fatto iniziare la mia inchiesta per "Il Giornale" consegnandomi il materiale sulla Fondazione Internazionale Pace e Crescita, contattai Padre Eugenio Cavallari O.A.D., rettore del Santuario della Madonetta di Genova, che molto gentilmente ci concesse l'uso di alcuni locali interni.

Ma il lavoro di Tognola e dei suoi operatori non finì

qui. Una mattina, alle prime luci dell'alba, ripresero il risveglio del porto di Genova, girando bellissime scene dal Belvedere di Castelletto. Splendidi l'arrivo e la partenza delle navi nel chiaroscuro della luce che, a poco a poco, scacciava il buio della notte. Si passò quindi al Porto Antico, dove il festoso ambiente del quartiere dell'Acquario venne immortalato da diverse angolature.

Fu invece più spiacevole l'episodio che riguardò la redazione del "Giornale di Genova". Tognola avrebbe voluto girare alcune scene anche lì, visto che quella era la redazione dove avevo lavorato, ma non fu possibile. Per cause che non è stato possibile neppure accertare, la nuova proprietà ("Il Giornale" l'aveva ceduta ad imprenditori piemontesi), si rifiutò. E non ci venne spiegata neanche la ragione.

Superammo il problema grazie all'aiuto della Liguria Film Commission, la cui collaborazione è stata fattiva e indispensabile. Abbiamo potuto toccare con mano come questo ente regionale sia davvero di estrema utilità per le troupe cinematografiche che vengono a lavorare sul nostro territorio.

Ma le esigenze professionali di Victor Tognola non si sono fermate a Genova. Ad un certo punto, aveva bisogno di girare una scena nell'entroterra. Non fu facile accontentarlo, ma ci riuscimmo. Trovai la location giusta nel caratteristico territorio di Sardigliano (AL), nei pressi dei colli tortonesi.

Anche qui, grazie alla gentilezza del vice sindaco Renato Galardini, fu possibile lavorare per un'intera giornata all'aperto.

Ma la mia inchiesta da Genova era soltanto partita, poi si sviluppava lungo altri centri della penisola, con l'intervento di diversi personaggi legati alla storia. Le telecamere arrivarono dunque in Calabria, a Roma e in altri centri del Lazio, in Emilia e poi in Lombardia.

Tognola ci teneva ad avere anche l'opinione di Vittorio Feltri, cioè colui che era stato il direttore che aveva pubblicato i miei articoli. Non sapevo se Feltri avrebbe accettato, ma glielo domandai lo stesso. Fu gentilissimo e si concesse alle telecamere svizzere, esponendo il suo punto di vista su quanto era accaduto. Le riprese vennero fatte all'interno della redazione centrale milanese del "Giornale", in via Gaetano Negri.

Il film è stato ultimato verso la fine del 2013 e adesso entrerà nella programmazione della RSI. Tognola afferma che verrà trasmesso entro l'anno, non si sa quando. Le produzioni televisive svizzere, a quanto pare, hanno i loro tempi.

L'unico dispiacere, se possiamo definirlo così, è non avere avuto Pelizza tra le persone intervistate. Il vero protagonista della "Macchina infinita" continua a restare nascosto, tenendo per sé tutti i suoi segreti. Segreti che, tutto sommato, forse sono destinati a restare tali per sempre.

43 Pubblicati su YouTube i filmati segreti dell'energia proibita

Svelati i dettagli e le testimonianze sulla macchina di Rolando Pelizza.

di *Rino Di Stefano*

(*RinoDiStefano.com*, Lunedì 9 Giugno 2014)

C'è qualcuno che ha aperto una vistosa crepa nel muro di riservatezza che Rolando Pelizza si è costruito intorno a sé, per non rivelare la verità sulla macchina che produce energia illimitata a costo zero. A creare questa nuova fonte di informazioni su una delle storie più misteriose degli ultimi cinquant'anni, è stata la pubblicazione, dal 30 aprile 2014 in poi su YouTube, di una serie di filmati che raccontano dettagli inediti sugli esperimenti condotti dallo stesso Pelizza dagli anni Settanta ad oggi. Occorre specificare che questi filmati esistevano da tempo e facevano parte di una raccolta privata che lo stesso Pelizza aveva affidato ad una persona di sua fiducia. Proprio quella persona che, in ultima analisi, avrebbe permesso che i filmati finissero in rete. Delle due l'una: o questo signore se n'è infischiato del divieto imposto da Pelizza di pubblicare quei documenti televisivi che lo riguardavano, oppure Pelizza ha cambiato idea rispetto al passato e ha dato il suo benestare alla pubblicazione. Secondo una persona vicinissima a Pelizza (lo si potrebbe definire tranquillamente il suo portavoce), una simile autorizzazione non è mai stata concessa. Per cui, sostiene sempre questa persona, si deve concludere che i filmati siano stati messi su Internet in modo del tutto arbitrario.

Comunque sia, non c'è dubbio che la pubblicazione di questi video apre una nuova prospettiva circa l'approfondimento scientifico su un'invenzione che, per le sue conseguenze dirette e indirette, potrebbe davvero cambiare il mondo come oggi lo conosciamo. Tutto quello che noi attualmente sappiamo sulla macchina che annichilirebbe la materia, producendo energia illimitata a costo zero, deriva dalle dichiarazioni dello stesso Pelizza. Tanto per riassumerle in poche parole, lo scienziato che avrebbe trovato il sistema per produrre positroni (cioè elettroni con carica positiva) in grado di annichilire qualunque tipo di materia (quando positroni ed elettroni dello stesso tipo si scontrano, la materia si annichilisce

producendo energia allo stato puro), sarebbe stato
Ettore Majorana. Secondo il racconto di Pelizza, lo
scienziato siciliano, quando scomparve nel 1938,
si sarebbe rifugiato in un convento di clausura nel
Sud Italia. E sarebbe qui che vent'anni dopo, nel
1958, lo avrebbe conosciuto lo stesso Pelizza,
finito casualmente in quel convento. Seguendo il
filo di quel racconto, del quale peraltro non
esistono prove documentali di alcun tipo, Majorana
avrebbe istruito Pelizza sulle nozioni di una nuova
fisica e, in pratica, gli avrebbe anche insegnato a
costruire una macchina in grado di produrre
positroni, per ottenere quantità infinite di energia.
Una nuova energia che sarebbe stata in grado di
sostituire ogni tipo di carburante e persino il
nucleare. Il tutto senza produrre inquinamenti di
qualunque tipo, né radiazioni. Non ci vuole molta
fantasia per comprendere il significato di queste
parole. E non ci vuole neppure molta intelligenza
per dedurre che attorno a questa invenzione si
devono per forza muovere interessi giganteschi, di
portata mondiale.
Pelizza, più volte incontrato da me, si è sempre
rifiutato di fornire prove circa l'attendibilità della sua
macchina. Durante la mia inchiesta pubblicata
sull'edizione nazionale de Il Giornale ("*Il mistero
dell'energia gratuita che ci tengono
nascosta*" e «*Così l'Italia lavorò al raggio che crea
energia dal nulla*») è emersa la storia di questo
bresciano che, di fatto, gestirebbe da mezzo

secolo questa macchina dalle incredibili potenzialità. La notizia è poi rimbalzata sulla televisione nazionale, grazie ad un servizio della trasmissione "Mistero" su Italia 1. Ma non solo. In seguito alla pubblicazione della mia inchiesta, sono stato contattato dal produttore cinematografico Victor Tognola, titolare della Frama Films International di Lugano, che ne ha fatto un film per la RSI, la Radio Televisione Svizzera (vedere l'articolo *«Diventa un film l'inchiesta de "Il Giornale" sull'energia nascosta»*). Adesso, però, con la pubblicazione dei nuovi filmati, si aggiunge un nuovo capitolo alla già farraginosa storia della macchina che dà energia. Premesso che si tratta di diversi filmati riguardanti quattro argomenti, vediamo esattamente di che cosa stiamo parlando.

Il primo di questi temi si chiama "La macchina e gli esperimenti" ed è diviso in tre parti. In queste sequenze del 1986 si vedono due persone, il dottor Massimo Pugliese, colonnello del servizio segreto italiano SID (Servizio Informazioni Difesa), e l'ingegner Aristide Saleppichi, che mostrano la famosa macchina di Pelizza e ne descrivono il funzionamento. Vediamo di capire chi sono. Pugliese, monarchico e massone, era il socio di Pelizza nella società Transpraesa con sede a Vaduz, nel Liechtenstein. Fu lui che mise in contatto Pelizza con il governo italiano (allora presieduto da Giulio Andreotti) nel 1976 e, subito dopo, con il governo americano (presieduto da Gerald Ford). Il filmato che adesso possiamo vedere, in effetti fu realizzato perché doveva spiegare agli americani le caratteristiche tecniche della macchina. Infatti, venne consegnato a John Luis Manniello, attaché per gli affari scientifici e tecnologici dell'Ambasciata americana a Roma. Nel filmato vennero anche illustrati gli esperimenti che erano stati richiesti dal professor Ezio Clementel, presidente del CNEN (Comitato Nazionale Energia Nucleare), per conto del governo italiano. Il colonnello Pugliese morì nel 1998.

L'ingegner Aristide Saleppichi (una laurea in ingegneria meccanica e un'altra in fisica), direttore dello stabilimento Terni Polymer, fu invece uno dei primi tecnici che studiò la macchina di Pelizza. Lo intervistai nel 2010, a 92 anni ma lucidissimo, nella sua casa di Civitella d'Agliano, sulle colline viterbesi. Morì due anni dopo, nel 2012.

Nel filmato, Pugliese e Saleppichi mostrano la macchina, spiegano come funziona e fanno vedere che cosa è in grado di fare. Insomma, non stiamo parlando di fantascienza: sulla base di queste prove, la macchina esisteva, c'era ed era realmente in grado di annichilire qualunque materiale, producendo energia pura a costo zero.

E veniamo, invece, alle interviste. Questi filmati furono fatti per volere di Pelizza, il quale voleva conservare in video le testimonianze di coloro che avevano assistito personalmente ai suoi esperimenti. Dovevano restare riservati, eprobabilmente essere utilizzati in casi particolari, ma evidentemente non è stato così. La prima testimonianza che vediamo (divisa in due parti) è quella di un certo Daniele Brunella, il quale si presenta come "collaboratore dei servizi segreti americani". Per quale motivo uno che ha svolto un simile lavoro si lasci intervistare davanti una telecamera, è davvero un mistero. Comunque, su richiesta di Pelizza (che era presente al momento delle riprese), lo ha fatto. Il signor Brunella racconta che lavorava con Carlo Rocchi, special agent della CIA in Italia, che nascondeva la sua vera attività professionale dietro la facciata di un'agenzia immobiliare. Rocchi si era rivolto ufficialmente a Pelizza, su richiesta del governo americano, per portare a termine alcuni esperimenti richiesti dai suoi superiori di Langley, in Virginia. Brunella spiega che, insieme a Rocchi, fu testimone oculare di un esperimento condotto con successo da Pelizza sul Monte Baremone, nel Bresciano.

Passiamo al secondo testimone. In questo filmato, diviso in due parti, si vede il geometra Antonio Taini, amico di lunghissima data di Pelizza e noto imprenditore lombardo, che nel 2013 torna al Forte Ora di Monte Baremone dopo 37 anni, per raccontare l'esperimento che proprio lì fece Pelizza nel 1977, per conto del colonnello Jacques

Leclerc, su mandato del governo belga e della NATO. Taini era presente e racconta quanto avvenne in quel lontano giorno.

Ogni tanto, dietro Taini, si vede l'ingegnere elettronico milanese Franco Cappiello, anche lui molto interessato alla storia di Pelizza.

L'ultimo filmato riguarda le dichiarazioni di Pierluigi Bossoni, un noto avvocato di Brescia, anche lui amico di Pelizza, che testimonia di essere stato presente allo stesso esperimento di cui parlava prima Taini. Bossoni è uno di quei professionisti che conosce nei particolari la storia di Pelizza, avendola vissuta fin dall'inizio.

Per ultimo, si vede una pregevole ricostruzione al CAD (Computer-Aided Design), realizzata dall'ingegner Cappiello, nella quale si vede pezzo per pezzo la famosa macchina di Pelizza e come viene assemblata.

La domanda adesso è: le persone che sono state riprese in questi filmati, hanno autorizzato colui che ha girato le riprese a pubblicare la loro testimonianza su YouTube? Ammesso e non concesso che la pubblicazione sia stata autorizzata da tutti, è evidente che adesso quelle persone potranno essere contattate da chiunque voglia saperne di più sulla macchina e sugli esperimenti di Pelizza.

Per esempio, che cosa ha fatto Pelizza in tutti questi anni? E per conto di chi ha lavorato, e sta lavorando? Nei filmati si parla della CIA, ma che c'entrano i servizi segreti USA con la storia di Pelizza?

Le domande, come si vede, possono essere moltissime e tutte attenderanno una risposta. Certo è che da questo momento in poi la vita segreta di Rolando Pelizza, 76 anni e non in buona salute, non sarà più così misteriosa. Forse sta per sollevarsi il velo su una delle storie più sconcertanti di tutti i tempi. Una storia, detto per inciso, che potrebbe cambiare il corso dell'umanità e che è stata tenuta volutamente segreta in tutti questi anni per non disturbare gli interessi delle grandi multinazionali dell'energia. Ma la cosa che più lascia attoniti è che questa stessa storia è conosciuta da un incredibile numero di persone. Compresi molti uomini politici italiani, e prelati del Vaticano, di altissimo livello. E tutti sono rimasti sempre in silenzio, per evitare spiacevoli conseguenze. Chiunque abbia reso quei filmati di pubblico dominio, sapeva benissimo che, prima o poi, qualcuno sarebbe andato a bussare alle loro porte. E Dio solo sa che cosa potrebbe scaturire dalle loro testimonianze. Le sorprese, dunque, non sono finite...

44 Resta sempre un mistero la scomparsa di Majorana

La Procura di Roma chiude la sua inchiesta con un'improbabile scoperta in Venezuela.

di *Rino Di Stefano*

(*RinoDiStefano.com*, Sabato 7 Febbraio 2015)

Il mistero di Ettore Majorana non è stato affatto risolto con l'archiviazione dell'inchiesta promossa dalla Procura di Roma. A voler riaprire le indagini sulla scomparsa dello scienziato scomparso nel nulla il 27 marzo del 1938, era stato il procuratore aggiunto Pierfilippo Laviani, che nell'aprile del 2011 aveva affidato l'inchiesta al colonnello Lorenzo Sabatino del Nucleo Investigativo Carabinieri della capitale. A sua volta il colonnello Sabatino aveva incaricato la Sezione Omicidi diretta dal colonnello Bruno Bellini, lo stesso ufficiale che aveva risolto il caso della contessa Alberica Filo della Torre, trovando il colpevole a distanza di vent'anni dai fatti. Agli ordini del colonnello Bellini ci sono sei marescialli, dai 30 ai 50 anni, che costituiscono quanto di meglio ci sia in Italia a livello investigativo. Gli stessi che in questi anni hanno passato al setaccio la vita dello scienziato siciliano scomparso, cercando un qualunque appiglio per ricostruire i suoi movimenti al tempo della scomparsa. Ma non è stato facile dopo oltre 73 anni da quel giorno.

Ebbene, dopo quattro anni di indagini, i carabinieri sono giunti alla conclusione che Majorana negli anni Cinquanta potrebbe aver vissuto prima in Argentina e poi in Venezuela facendosi passare per un certo Bini, di cui non si conosce nemmeno il nome di battesimo. Di questo tizio si ha una fotografia e si sa che nella sua auto sarebbe stata trovata una cartolina che nel 1920 Quirino Majorana, zio di Ettore e anch'egli fisico di fama mondiale, avrebbe spedito all'americano W.G. Conklin. Dal momento che la foto di quel tale Bini avrebbe una certa somiglianza con il padre di Majorana (ma non con lui), e che un certo Francesco Fasani, meccanico italiano emigrato in Venezuela, avrebbe confermato che Bini e Majorana sarebbero la stessa persona (pur non essendo in grado di provarlo), gli investigatori sono giunti alla logica conclusione che lo scienziato siciliano potrebbe essere davvero fuggito in Sud America.

A prescindere dal fatto che non esistono prove certe di questa fuga (persino il professor Erasmo

Recami, il maggior biografo di Majorana, non nasconde i suoi dubbi), ancora una volta stiamo assistendo ad un tentativo, per quanto lodevole, di dare una spiegazione ragionevole ad uno dei casi più clamorosi del secolo scorso. Di fatto, però, quello che prima era un enigma irrisolto, resta esattamente lo stesso anche dopo. Abbiamo una testimonianza, il ricordo di una cartolina della quale non sappiamo attraverso quante e quali mani sia passata, la foto di un uomo anziano con una vaga somiglianza con il padre di Ettore Majorana. Basta tutto questo per poter affermare, senza ombra di dubbio, che lo scienziato scomparso sia stato davvero in Argentina e Venezuela? La risposta, pur con tutta la buona volontà possibile, non può essere che negativa. Possiamo ipotizzare che sia così, nessuno ce lo proibisce, ma non si può andare oltre. Tanto più che si sa per certo che il passaporto di Majorana, che scadeva nell'agosto del 1938 (circa quattro mesi dopo la sua scomparsa), non venne mai rinnovato. Dunque, in sostanza, di fatto non abbiamo alcuna certezza che le cose siano andate proprio in quel modo. Per dirla tutta, brancoliamo nel buio così come facevamo prima di quest'ultima indagine. Il problema è: se non ci sono riusciti i migliori esperti investigativi dell'Arma a risolvere questo caso, chi altri potrà mai farlo? E' molto probabile che il punto della situazione stia nel fatto che nessuno voglia prendere in considerazione (almeno ufficialmente) le parole di Rolando Pelizza, cioè dell'uomo che sostiene da anni di essere stato fin dal 1958 l'allievo prediletto di frate Ettore Majorana in un convento di clausura del Sud Italia. Una domanda sorge spontanea: perché gli investigatori non hanno mai bussato alla porta di questo anziano signore, oggi 77enne, che si ostina ad affermare di aver frequentato per anni frate Ettore? Una pista vale l'altra, perché non verificare anche questa?

Forse la risposta sta nel fatto che Rolando Pelizza, per quanto non abbia mai subito una condanna penale, nel passato ha avuto spesso a che fare con la giustizia. Per tre volte è stato colpito da mandati di cattura internazionali, poi regolarmente rientrati. E il suo coinvolgimento con esponenti politici di primo piano (Giulio Andreotti, Flaminio Piccoli, Loris Fortuna, Mino Martinazzoli, tanto per citarne alcuni) lo ha reso un personaggio piuttosto conosciuto alle cronache degli anni Ottanta-Novanta. E quindi non troppo affidabile. Che dire, poi, dell'interesse dei Servizi Segreti verso di lui. A parte il fatto che era socio di un tenente colonnello del SID (Servizio Informazioni Difesa) iscritto alla P2 (Massimo Pugliese), risulta che la CIA si sia occupata piuttosto intensamente della sua persona, e altrettanto avrebbe fatto il Vaticano con cardinali di altissimo livello. Ebbene, se un simile individuo se ne esce sostenendo di essere stato l'allievo segreto e prediletto di Ettore Majorana, per sua scelta nascosto in un convento di clausura, perché non verificare la bontà di questa versione dei fatti? Se si tratta di una bufala, si fa presto ad accertarlo. Invece, pare che nessuno si voglia prendere la briga di ascoltare ciò che Rolando Pelizza ha da dire. Eppure, risulta con assoluta certezza che qualche anno fa (si conosce la data precisa) Pelizza abbia inviato un suo rappresentante a Palazzo Chigi con una richiesta: offrire gratuitamente al Governo italiano l'usufrutto della macchina che gestisce (cioè il dispositivo in grado di produrre energia a costo zero), in cambio della sicurezza per se stesso e la sua famiglia. L'allora Presidente del Consiglio, avendo saputo che di quel caso si stavano occupando anche gli americani (ed essendo stato informato circa i trascorsi di Pelizza), rifiutò l'offerta e non volle nemmeno riceverlo.

E' ovvio che tutto questo non avrà consistenza fino a quando non vi saranno posizioni ufficiali che ne verificheranno l'attendibilità. Ma se neppure si prende in considerazione questa possibilità, a che cosa serviranno queste "indiscrezioni"? Purtroppo, a livello mediatico, coloro che detengono il potere ci hanno abituato alle omissioni e alla disinformazione. Se una notizia non viene pubblicata con il dovuto rilievo, quella notizia non esiste. A prescindere dalla sua concretezza. Così si fa finta che un certo Rolando Pelizza non ci sia, con tutto ciò che ne consegue.

Del resto, c'è il fondato sospetto che certi segreti sia meglio lasciarli stare. Così a nessuno viene in mente che forse sarebbe utile fare un salto sulla Sila, in un convento di clausura visitato abbastanza spesso da almeno due Papi. Anche perché, e questo va spiegato, le forze armate italiane non possono entrare in un convento religioso. I Patti Lateranensi, che regolano i rapporti tra il governo italiano e il Vaticano, vietano questo tipo di intromissioni. Tanto è vero che anche la polizia di Mussolini si dovette fermare davanti alle porte chiuse delle abbazie.

Poniamoci una domanda abbastanza elementare: perché Ettore Majorana, ordinario di Fisica teorica all'Università di Napoli, un bel giorno decide di scomparire per sempre? Di lui Enrico Fermi aveva detto che era un genio paragonabile a Newton e Galilei. E se, per pura ipotesi, il giovane scienziato avesse scoperto le leggi che regolano il mistero della materia? E cioè la strada che avrebbe reso persino l'energia atomica qualcosa di dannoso ed evitabile, visto che si poteva ottenere energia pura in un modo molto più naturale? Non sto parlando di fantasie a ruota libera. Nel 2009 il professor Joao Magueijo, docente di Teoria della relatività generale presso l'Imperial College di Londra, aveva esposto questa tesi nel suo libro "La particella mancante – Vita e mistero di Ettore Majorana, genio della fisica". Ma, come spesso succede, anche la sua è stata una voce nel deserto.

A questo punto non resta che sperare in qualche nuova notizia, eclatante e verificabile, che infranga il muro di censura e riservatezza che circonda la sorte di Ettore Majorana. Non è detto che Pelizza, giunto ormai all'ultima stagione della sua vita, prima o poi non si decida a uscire allo scoperto e dire finalmente tutto ciò che sa. Anche questa, ovviamente, è un'ipotesi. Ma chissà. Succedono tante cose strane a questo mondo…

45 "Majorana visse in un convento del Sud Italia. Ecco le prove"

Foto mai viste e lettere inedite del genio della fisica scomparso nel 1938 aprono nuovi e clamorosi scenari.
Rolando Pelizza, che fu suo allievo: "Si nascose grazie al Vaticano"

di *Rino Di Stefano*

(*Il Giornale*, Martedì 14 Aprile 2015)

Sciascia avea ragione: Ettore Majorana non sarebbe morto suicida, né tanto meno sarebbe fuggito in Venezuela. Lo scienziato scomparso nel nulla il 27 marzo del 1938 a poco più di 31 anni, mentre era docente di Fisica teorica presso l'università di Napoli, non si sarebbe mai mosso dall'Italia. Per essere più precisi, avrebbe chiesto e ottenuto di essere ospitato in un convento del Sud Italia, dove sarebbe rimasto fino alla fine dei suoi giorni.

A rivelare questa nuova verità su uno dei più grandi geni che l'Italia abbia mai avuto, è Rolando Pelizza, 77 anni, l'uomo che da sempre sostiene di essere stato l'allievo di Majorana e di averlo aiutato a costruire una macchina in grado di annichilire la materia, producendo quantità infinite di energia a costo zero.

Pelizza, però, non si limita a raccontare la sua storia. Questa volta tira fuori delle prove concrete, e cioè lettere e foto, che dimostrerebbero, al di là di ogni ragionevole dubbio, che in effetti avrebbe realmente conosciuto e frequentato colui che, ancora oggi, chiama il «suo maestro». Le foto sono due: la prima risale ai primi anni Cinquanta, la seconda agli anni Sessanta. La somiglianza con il giovane Majorana è impressionante. La più importante delle lettere risale al 26 febbraio del 1964, quando in una missiva di sette facciate, lo scienziato scomparso riconosce al suo allievo il merito di aver terminato cum laude il ciclo delle lezioni che egli gli ha impartito. La lettera ha un riscontro concreto. In data 28 gennaio 2015 è stata affidata alla dottoressa Sala Chantal, grafologa specializzata in ambito peritale/giudiziario, con ufficio a Pavia, la quale, paragonando la calligrafia degli scritti lasciati a suo tempo da Majorana con il testo della lettera stessa, ha effettuato una completa perizia calligrafica di 23 pagine, conclusa con le seguenti parole: «Detta lettera è sicuramente stata vergata dalla mano del sig.

Majorana Ettore». «Dal 1° maggio 1958 al 26 febbraio 1964 sono stato allievo di Ettore Majorana - racconta RolandoPelizza - e negli anni successivi sono stato suo collaboratore nella realizzazione del progetto di costruzione della macchina produttrice di antiparticelle. Posso affermare senza tema di smentita che Ettore Majorana non è morto nel 1938: l'ho conosciuto e frequentato e mi ha insegnato la "sua matematica" e la "sua fisica" e poi mi ha accompagnato con i suoi insegnamenti per molti anni. Per onestà intellettuale, voglio affermare che la paternità dello studio che sta alla base della macchina è opera esclusiva di Majorana».

Prendendo dunque per buona e corretta la perizia della dottoressa Chantal, esaminiamo che cosa c'è scritto in quella lettera del 1964. Tanto per cominciare, il testo inizia con una dichiarazione che non lascia dubbi circa il ruolo di allievo che avrebbe avuto Pelizza. Singolare che, per evitare di dire dove si trovi, la lettera si apra con l'intestazione «Italia, 26-2-1964». Questo espediente verrà usato anche nelle altre lettere. «Caro Rolando - scrive il presunto Majorana - Ti ricordi il nostro primo incontro, avvenuto il 1° maggio 1958? Ne è passato di tempo. Oggi si può dire terminato il periodo delle mie lezioni. Ti promuovo a pieni voti, sia in fisica sia in matematica. Come ben sai, quanto hai appreso va molto oltre le attuali conoscenze; per tanto non misurarti con nessuno, perché potresti scoprirti. Anche se qualcuno conoscendoti, ti provocherà, tu ascolta e fingi di non capire; so bene che questo sarà molto difficile, ma credimi: se, dopo aver sentito quello che ti dirò, accetterai di realizzare la macchina, dovrai fare questo e molto di più. Ora sei sicuramente pronto per affrontare il compito di realizzare la macchina; conosci perfettamente ogni particolare, hai appreso dettagliatamente la formula necessaria per il funzionamento della stessa; ora ti consegno disegni e dati per il montaggio. Solo una cosa ti chiedo: devi essere molto prudente. Disegni e dati non sono tanto importanti; la formula, invece, va ben custodita. Per nessun motivo deve cadere in mano di altre persone: sarebbe la fine, di sicuro».

A rendere ancora più verosimile il tono della lettera, sono le raccomandazioni che il professore rivolge al suo studente, in vista della realizzazione della macchina. Il mondo è quello che è, per cui lo invita alla prudenza: «Prima di decidere se accettare o meno il compito di realizzarla, devi sapere bene a cosa andrai incontro - avverte -. Almeno questo è il mio parere, ricordalo bene. Nonostante il mio desiderio di vedere questa macchina realizzata sia immenso (per il bene dell'umanità, che purtroppo sta andando incontro ad un terribile disastro a causa del nefasto impiego delle varie scoperte), voglio che tu rifletta prima di decidere: da questo dipenderà la tua esistenza.

Se, ultimata la macchina, sarai scoperto prima della sua presentazione, secondo i dettagli che più oltre ti fornirò, sarai sicuramente in pericolo di vita; potrai essere vittima di un sequestro, come minimo, ma ci potranno essere molte altre gravi ripercussioni. Se dopo tutto questo, deciderai di realizzarla comunque, te ne sarò eternamente grato e sono contento di aver intuito subito che tu eri la persona giusta».

Passati gli avvertimenti, il professore elenca nel dettaglio le precauzioni da prendere. Ed è molto scrupoloso nel farlo: «Dopo la riuscita del primo esperimento - spiega - dovrai predisporre vari dossier da depositare in luoghi ed a persone varie di piena fiducia. Dovrai costituire una fondazione alla memoria dei tuoi cari (in questo modo non solleverai sospetti). Di questa fondazione, tu sarai il fondatore e il presidente, mentre nel consiglio dovrai cercare di inserire nomi conosciuti e di fiducia; dovranno essere persone di varie categorie, ad esempio: un avvocato, un medico, uno psicologo, un professore di storia dell'arte, ed altre professioni; io ti farò avere il nome di uno o più fisici. Dovrai organizzare almeno due o tre convegni differenti. Poi, un convegno di Fisica sull'argomento che io proporrò al fisico, o forse più fisici, del consiglio. Nel frattempo, dovrai presentare la macchina che hai realizzato, adducendo di aver effettuato il lavoro con la collaborazione dei sopra citati fisici (o fisico?).

Penserò io ad informare questi ultimi su come comportarsi al momento opportuno. Poi presenterai il piano d'azione da intraprendere successivamente. La macchina sarà presentata solo dopo la realizzazione della seconda fase, che consiste nel riscaldamento della materia, una fonte inesauribile di energia sotto forma di calore».

A leggere la lettera si evince che il Majorana che si nasconde in convento non è poi così lontano dal mondo come sembrerebbe. A quanto pare, continua a tenere contatti con l'esterno e comunica con altri fisici che lo conoscono bene. Il professore continua ricordando all'allievo il giuramento fatto e gli ricorda che, al momento, la macchina è ancora in fase sperimentale. «Tieni sempre presente il giuramento che abbiamo fatto - ammonisce - per nessun motivo, anche a costo della vita, sarà ceduta come strumento bellico, ma dovrà essere usata esclusivamente al fine di migliorare la nostra esistenza».

Il professore non manca di mettere in guardia l'allievo dalle conseguenze che potrebbero aspettarlo: «Non pensare che siano manie mie - mette le mani avanti -. Se verrai scoperto prima del tempo, cosa che spero tanto non succeda, tutto quanto detto finora, che ora può sembrare paranoico, è solo la minima parte del reale pericolo a cui andrai incontro. Investimento: so benissimo che provieni da una famiglia benestante, però pensaci bene. Sai quanto materiale pregiato serve per una sola macchina. Inoltre, prevedi che certamente ne andranno distrutte parecchie e dalla loro distruzione non ricaverai nulla, perché nulla rimane se non circa il quattro per mille, del materiale, ecc. Verificherai bene di quanto puoi disporre: è preferibile non iniziare che rimanere senza nulla e di conseguenza non poter terminare, per te e soprattutto per la tua famiglia, che andrebbe incontro a problemi molto seri. Avrei ancora molte altre cose da aggiungere per sconsigliarti di accettare, ma credo che bastino quelle dette, PENSACI BENE.

In attesa della tua decisione. Tuo amico e maestro, Ettore».

C'è da dire che, con un alto grado di preveggenza, il professore ha anticipato tutto ciò che è realmente accaduto a Pelizza nel corso degli anni. Infatti, dal 1976, anno in cui egli fece gli esperimenti che il professor Ezio Clementel, presidente del Cnen e ordinario di Fisica presso l'università di Bologna, gli commissionò per incarico del governo italiano, i guai di Pelizza non hanno avuto fine. A quel tempo era presidente del Consiglio Giulio Andreotti, al suo terzo mandato governativo. Anche se l'esperimento andò bene, e la macchina dimostrò tutta la sua efficacia, Andreotti decise di rompere ogni rapporto con Pelizza quando seppe che il governo americano, allora presieduto da Gerald Ford, si stava interessando al caso. Il presidente

Ford inviò in Italia il suo rappresentante personale, l'ingegner Mattew Tutino, per prendere contatti con Pelizza. Da notare che nella società di quest'ultimo, la Transpraesa, i servizi segreti italiani (per la precisione il Sid, Servizio informazioni difesa) avevano infiltrato due colonnelli dei carabinieri: Massimo Pugliese e Guido Giuliani. Nonostante il governo degli Stati Uniti avesse offerto un miliardo di dollari per entrare a far parte della società, Pelizza si rifiutò di collaborare con gli americani quando questi gli chiesero, a titolo di prova, di abbattere alcuni loro satelliti. In altre parole, utilizzare la macchina come un'arma.

Subito dopo fu la volta del governo belga. Venne chiamata Operazione Rematon e prevedeva che Pelizza, il cui interlocutore era il primo ministro Leo Tindemans, brevettasse e depositasse il brevetto della sua macchina in Belgio. L'accordo fallì quando nell'aeroporto militare di Braschaat, nei pressi di Bruxelles, i belgi chiesero a Pelizza di distruggere un carro armato. Ancora una volta, dunque, la macchina veniva interpretata come un'arma. Il risultato fu che Pelizza fece intenzionalmente implodere la sua macchina e pretese di essere riaccompagnato in Italia. Da allora la vita di Rolando Pelizza è trascorsa in modo molto movimentato, con l'emissione di tre mandati di cattura internazionali, tutti ritirati nel corso del tempo. Fece molto parlare l'accusa che nel 1984 gli rivolse il giudice Palermo per aver costruito illegalmente «un'arma da guerra chiamata il raggio della morte». Ma al processo Pelizza venne assolto con formula piena.

Di lui parlarono spesso anche i giornali. Ecco, per esempio, un brano tratto da un articolo della rivista OP del 15 luglio 1981: «Come non definire "l'operazione Pelizza" un best seller della letteratura gialla internazionale? Purtroppo si tratta di una vicenda vissuta, di una storia tutta italiana iniziata nel 1976 e non ancora conclusa. Siamo in possesso di informazioni dettagliate, con tanto di nomi e date, che ci inducono a ritenere che quella che può essere catalogata come "l'operazione Pelizza" non è il parto di Le Carré o di Fleming e che la sua scoperta non è "la macchina per fare l'acqua calda" come qualcuno ha voluto dire».

Ma ci fu anche chi lo attaccò duramente. Nel 1984, in una serie di articoli, La Repubblica definì Pelizza «fantasioso traffichino di provincia», paventando che dietro la presunta invenzione di quello che veniva definito «raggio della morte» ci fosse una colossale truffa. Ovviamente nessuno spiegava che, in presenza di un'eventuale truffa, ci dovesse essere anche un eventuale truffato. Ma il messaggio era comunque lanciato.

Stanco di questa continua battaglia, adesso Pelizza ha deciso di vuotare il sacco. Ed ecco quindi le lettere e le foto di Majorana in convento: «Già nel 2001 il mio maestro mi aveva autorizzato a rendere pubblico il mio contatto con lui. Non l'ho fatto perché speravo di far conoscere questa verità in modo molto più morbido e graduale. Ma purtroppo non è stato possibile: troppe maldicenze e calunnie sono state messe in giro contro di me in questi anni. Adesso, dunque, ho deciso di dire tutto e di far conoscere la verità sulla sorte di Ettore Majorana».

Una lettera illuminante, a questo proposito, è quella che Pelizza mostra con data 7 dicembre 2001. Gliela inviò, sostiene, il suo maestro proprio per autorizzarlo. «Da ora - si legge - se lo riterrai opportuno, sei libero di usare il mio nome, di divulgare i nostri rapporti, gli scritti e fotografie; se lo farai ti prego di rivelare i veri motivi che mi hanno spinto nel 1938 ad allontanarmi da tutti, per dedicarmi allo studio, nella speranza di arrivare in tempo e poter dimostrare al mondo scientifico che esistevano alternative importanti e senza pericoli. Purtroppo tu ben sai che non sono arrivato in tempo, pur avendo alternative migliori, che a tuttora non sono servite a nulla. Riservati l'ultimo segreto, dove e come mi hai conosciuto, il luogo e i fratelli che da sempre mi hanno segretamente ospitato».

Pelizza, infatti, si rifiuta categoricamente di dire in quale convento Majorana sia stato ospitato per oltre mezzo secolo e dove, ancora oggi, sarebbe sepolto. «Il mio maestro non ha mai preso i voti - sostiene Pelizza -. Egli è stato ospitato in convento e lì, grazie alla protezione del Vaticano, è riuscito a vivere e a studiare per tanti anni, senza essere disturbato. Conoscevano la sua situazione e sapevano del suo dramma interiore, che rispettavano. Comunque, so che anche durante la sua vita conventuale, si è messo in contatto con personalità scientifiche che si sono occupate di lui. Non so quanti abbiano realizzato che il loro interlocutore fosse proprio lo scomparso Ettore Majorana, ma così è stato».

A dimostrazione di questa corrispondenza tenuta con il mondo accademico, c'è la copia di una lettera che Majorana avrebbe scritto al professore Erasmo Recami, ordinario di Fisica presso l'università di Bergamo e conosciuto per essere il maggior biografo di Majorana. La data della lettera è del 20 dicembre del 2000: «Egregio Professor Erasmo Recami (...) mi permetto di rivolgermi a lei come un collega, chiederle un parere ed eventualmente un aiuto, nel caso lei ritenga valido il consiglio che ho dato al mio collaboratore e che leggerà nello scritto a lui indirizzato. Conoscendo molto bene il mio allievo, sono sicuro che dei miei consigli inerenti all'abbandono del progetto, non si curerà; quindi la pregherei di provare a convincerlo, per il suo bene. Se proprio non sentisse ragioni e volesse continuare, veda se, una volta letti tutti i documenti inerenti ai rapporti tra me e lui fino ad ora, ritiene opportuno pubblicarli, per il bene futuro del nostro mondo.

Quando parlo del futuro del nostro mondo, mi riferisco al surriscaldamento del pianeta, cosa che io avevo previsto già nel 1976, quando diedi a Rolando una relazione dettagliata sul tema, e le sue conseguenze: dai primi sintomi, all'inizio del 2000, all'incremento del problema a partire dal 2010, in seguito al quale è lecito aspettarsi delle vere e proprie catastrofi ambientali. Relazione che Rolando, a sua volta, consegnò al Dott. Mancini, il quale, in quel momento, era stato incaricato dal governo di occuparsi dello sviluppo della macchina.

«La macchina in oggetto, oggi è in grado di rigenerare l'ozono distrutto, semplicemente tramutando l'anidride carbonica in ozono nella quantità mancante, e l'eccesso in qualsiasi altro elemento da noi voluto. Ma le sue possibilità sono infinite: ad esempio, essa è in grado di produrre calore illimitato senza distruggere la materia, quindi senza lasciare residui di nessun genere. Con la pubblicazione di questi studi, l'umanità verrà a conoscenza che, per la volontà di poche persone (comportamento che a tutt'oggi non riesco ancora a comprendere) sta perdendo l'opportunità di un futuro migliore.

«Solo per il fatto di aver letto quanto da me scritto, le sono infinitamente grato. I miei più cordiali saluti, Suo Ettore Majorana».

Inutile dire che il professor Recami restò molto impressionato da questa lettera, ma come ci ha poi dichiarato, non basta una lettera a dimostrare che sia stata scritta proprio da lui. Insomma, mancando una precisa evidenza scientifica, non riusciva ad accettare l'idea di essere in contatto con colui che per anni è stato l'oggetto dei suoi studi.

Pelizza mostra un dossier di una dozzina di lettere inviate dal suo maestro tra il 1964 e il 2001, anno in cui smise di avere contatti. A quel tempo Majorana aveva 95 anni. Stanco e malato, si preparava a rendere la sua anima a Dio e non volle mai più ricevere il suo allievo in convento. Su sua precisa disposizione, le sue spoglie sarebbero state seppellite in terra consacrata, sotto una croce anonima, come si usa per i frati di clausura. Il Vaticano ha sempre mantenuto il segreto e non ha mai reso pubblico nulla sulla sua vita in convento. Pare invece che tutte le carte appartenenti a Majorana siano state spedite in Vaticano, dove ancora oggi sarebbero in corso di archiviazione.

46 Ecco i piani di costruzione della macchina di Pelizza

(*RinoDiStefano.com*, Sabato 12 Marzo 2016)

In un certo senso potrebbe essere definito il testamento spirituale di Rolando Pelizza. Oppure, se volete, l'ultimo tentativo di Pelizza, personaggio controverso e circondato da un alone di mistero, per condividere con il resto del mondo (e soprattutto la comunità scientifica) il segreto della macchina che, a suo dire, sarebbe in grado di annichilire la materia, generando grandi quantità di energia pulita. Alla soglia degli ottant'anni, dopo una vita a dir poco avventurosa all'ombra di una scoperta che ancora oggi sembra del tutto incredibile, l'uomo comincia a pensare a ciò che sarà quando il Padreterno lo chiamerà al suo cospetto.

Comunque sia, quelli che state per leggere sono i piani di costruzione della famosa macchina. Me li ha dati Pelizza in persona, pregandomi di pubblicarli nel mio sito. Ovviamente, non ho la competenza per poter giudicare questo materiale. Non sono né un tecnico, né uno scienziato, ma soltanto un giornalista che cerca di rendere il più comprensibile possibile uno dei casi più strani ed enigmatici del secolo scorso. E' dunque con spirito di servizio, per arricchire la conoscenza di chi mi legge, che ho acconsentito a questa pubblicazione.

Ammesso e non concesso che qualcuno raccolga davvero il testimone di Pelizza, ci sarà poi il problema di usare la formulazione giusta per far funzionare la macchina. A questo riguardo, Pelizza specifica che alla sua morte un notaio riceverà il mandato per consegnare la documentazione solo a colui, o coloro, che si impegneranno a soddisfare un preciso protocollo di richieste etico comportamentali da lui volute. A buon senso, non mi pare che le pubbliche autorità dovrebbero consentire che un privato entri in possesso di un tale macchinario, sempre che lo stesso abbia le caratteristiche di cui si parla. Ma il disinteresse mostrato fino ad oggi dal governo italiano è molto eloquente per spiegare questa eventualità. E poi questa è la volontà di Pelizza. Chi vuol farsi un'idea più precisa, deve solo continuare questa lettura.

RDS

AGGIORNAMENTO DEL 7 APRILE 2016

Alcuni lettori mi hanno fatto osservare che il mio commento di cui sopra metterebbe Rolando Pelizza in cattiva luce, in quanto non dà per scontate le potenzialità della sua macchina. Non è affatto così! Ho sempre avuto un grande rispetto per Pelizza e per il suo lavoro, riportando con assoluta serietà professionale fatti e testimonianze relativi alle incredibili vicende delle quali è stato protagonista nel corso della sua vita. Nonostante tutto il mio lavoro di ricerca, posso tuttavia affermare di non aver mai assistito personalmente ad un solo esperimento operativo della famosa macchina e di non aver mai avuto, finora, una prova scientificamente incontrovertibile di quanto la stessa sia capace di fare. Se dunque dovessi esprimere un parere strettamente giornalistico, sarei per forza di cose costretto a manifestare un ragionevole dubbio. E questo a prescindere dalla notevole massa di materiale pro Pelizza che ho raccolto negli anni. Resta allora una sola soluzione per risolvere questa perplessità: un giorno, non so dove e non so quando, alla presenza di esperti qualificati, Pelizza dovrebbe dare una pubblica dimostrazione circa l'operatività della sua macchina. Quel giorno mi auguro di esserci anch'io e sarò il primo a prenderne atto e a scriverne. Da quel momento, il personaggio Pelizza non sarà più "controverso", ma si parlerà di uno scienziato portatore di una nuova fisica. Fintanto che questo non accadrà, la realtà purtroppo resterà quella che conosciamo oggi. Intanto, per coloro che chiedono quando sarà pubblicata la parte finale dei piani di costruzione della macchina, annuncio che Pelizza mi ha assicurato di rendere disponibile il materiale al più tardi entro la prossima settimana. Non appena lo riceverò, lo pubblicherò.

AGGIORNAMENTO DEL 20 APRILE 2016

Ricevo e pubblico in data odierna il materiale che aggiorna i piani di costruzione della macchina. Resta una parte terminale che provvederò a pubblicare, non appena la riceverò.

AGGIORNAMENTO DELL'11 LUGLIO 2016

In data odierna aggiungo l'intera parte terminale riguardante la gestione delle rotazioni dei motori e dell'impulso alla bobina. Unitamente ai disegni, si trova un software che completa la divulgazione della documentazione.

AGGIORNAMENTO DEL 17 FEBBRAIO 2017

LA TECNOLOGIA DI PELIZZA

A UNA SOCIETÀ INTERNAZIONALE

Ricevo e pubblico volentieri:

Brescia, 15 Febbraio 2017

Caro Di Stefano,

ti scrivo per comunicarti importanti novità relative alla tecnologia che io gestisco e di cui ti sei occupato a lungo nel corso di questi anni. Il fatto è il seguente. La settimana scorsa ho siglato un accordo preliminare con una grande società internazionale per lo studio e le eventuali applicazioni della suddetta tecnologia, per usi civili, con particolare precedenza al settore ecologico. Questo accordo verrà formalizzato in tutti i suoi aspetti legali entro e non oltre la prossima estate. Secondo le regole che abbiamo concordato, il 70% dei proventi netti andrà ad una costituenda Fondazione Internazionale benefica, il cui statuto avrà l'obiettivo di intervenire sui progetti umanitari desiderati. A questo proposito, il Consiglio di Amministrazione verrà costituito da personalità provenienti da diverse nazioni, che gestiranno in modo trasparente e inequivocabile l'attività della Fondazione. Il presidente, invece, sarà una personalità conosciuta a livello mondiale che si farà portavoce degli obiettivi della Fondazione stessa, ovunque nel pianeta.

Da questo momento, dunque, sono legato al patto che ho stipulato e termina ogni mio eventuale ruolo pubblico, e privato, nella realizzazione e nella costruzione della macchina.

Vorrei aggiungere un'ultima cosa, affinché tu comprenda il mio stato d'animo. Come ben sai, ho cercato per decenni di donare la mia tecnologia allo Stato italiano, cercando di fare anch'io la mia parte per il benessere del Paese. Tutti i miei sforzi, però, sono risultati vani. Nel migliore dei casi, sono stato snobbato. Nel peggiore, sono stato oggetto di una persecuzione che è durata un incredibile numero di anni. Praticamente una vita. Adesso sono stanco e credo che l'interesse manifestato da questa società sia stato quanto mai provvidenziale. E' un risultato che conclude, felicemente, una storia che durava da troppo tempo. Un comunicato stampa ufficiale da parte della società stessa, verrà rilasciato a pratiche concluse per chiarire, in via formale, la definizione di quanto ho appena scritto.

Ti sarei dunque grato se volessi pubblicare questa mia lettera, in modo da informare i tuoi lettori del nuovo evento. A suo tempo, ti fornirò inoltre tutti gli estremi per rendere pubblico l'accordo nelle sue varie forme.

Con stima e riconoscenza,

Rolando Pelizza

Commento alla lettera

La prima cosa che mi è venuta in mente quando ho letto questa lettera, è che siamo di fronte ad un salto di qualità in questa straordinaria e incredibile storia. Tutti coloro che non hanno creduto all'esistenza della famosa macchina, adesso hanno qualcosa su cui riflettere. Come c'era da aspettarsi, questa fantomatica tecnologia sarebbe finita in mani internazionali. Visti decisamente vani gli sforzi per donare il macchinario ai governi che si sono succeduti in Italia, alla fine qualcuno più avveduto pare che abbia colto l'occasione al volo. Da questo momento, dunque, Rolando Pelizza esce di scena, nel senso che dovrà rispettare le norme contrattuali che ha già siglato. Riservatezza compresa. L'unico interrogativo (e non è da poco) resta il nome di questa società. Secondo quanto dice lo stesso Pelizza, il contratto verrà formalizzato nei prossimi mesi e allora verrà emesso un comunicato ufficiale che spiegherà ogni cosa. Per il momento non resta che aspettare, in attesa di quel giorno. La nota che mi pare positiva, dando sempre per scontato che qualcuno in qualche parte del mondo si prenda la responsabilità di affermare di aver acquisito la tecnologia in questione, è che dovrebbe nascere la Fondazione con i suoi obiettivi benefici. E' un vecchio pallino di Pelizza: ha sempre detto che avrebbe ceduto il frutto del suo ingegno a due precise condizioni: la prima è che doveva essere utilizzato solo per fini civili e non militari; la seconda è che il 70% degli eventuali profitti doveva essere destinato alla Fondazione. Sembra che ci sia riuscito. La misteriosa società, che al momento è priva di un'identità, si sarebbe fatta carico anche di questo rilevante onere. Che dire? Chi vivrà vedrà. E speriamo che, se sarà una rosa, abbia almeno un numero di spine piuttosto contenuto.

RDS

AGGIORNAMENTO DEL 5 MARZO 2018

Numerosi lettori continuano a scrivermi per domandarmi che fine ha fatto la trattativa tra Rolando Pelizza e una non meglio definita società internazionale, annunciata il 15 febbraio 2017. Ormai è passato oltre un anno e non è accaduto nulla di quanto lo stesso Pelizza aveva anticipato nella lettera che mi aveva mandato e che io ho pubblicato il 17 febbraio 2017. Non c'è stato nessun comunicato stampa e nessuna notizia che convalidasse quel presunto accordo. Ho rivolto la domanda allo stesso Pelizza e la risposta è stata che la trattativa si era interrotta e poi, per insanabili divergenze operative tra le parti, si era conclusa con un nulla di fatto. Devo dire che non è stato facile per me ottenere una risposta chiara e precisa su quanto avevo domandato. Pelizza, soprattutto negli ultimi tempi, è diventato molto più "abbottonato" e non gradisce mettere in piazza quello che sta facendo e con chi. Dal momento, però, che sono stato coinvolto mio malgrado in questo discorso della ricerca di un accordo tra Pelizza e soggetti terzi, mi ritrovo con la responsabilità di far conoscere a tutti voi che mi leggete quanto sta realmente avvenendo. Vi ripeto che il protagonista di questa storia è alquanto restio a rilasciare qualsiasi dichiarazione. Né io posso pretendere che mi faccia delle confidenze, visto che non vuole. Non ho quindi notizie precise, intendendo con questo termine fatti correlati con nomi, cognomi, luoghi e date. Tutto quello che mi è giunto è piuttosto a livello di indiscrezioni, sempre velate da uno spesso manto di riserbo e, perché no, di diffidenza. Pelizza, insisto, non desidera che le sue cose vengano rese pubbliche. Tutto ciò che so, quindi, è che in questi ultimi tempi Rolando Pelizza avrebbe stabilito una specie di collaborazione (ma non saprei di che tipo) con una non meglio precisata fondazione benefica internazionale. E non si sa chi sia e dove si trovi. Inoltre, visto che non disporrebbe più della sua tecnologia, avrebbe ripreso i contatti con persone con cui avrebbe lavorato in passato (e neanche di questi si sa assolutamente nulla) dai quali vanterebbe un ingente credito. Il suo tentativo sarebbe quello di recuperare questo denaro, per poter vivere una vecchiaia sana e tranquilla. Se ce la farà, e soprattutto se questo presunto progetto corrisponda a verità, non è dato sapere. Insomma, come sempre, in determinate circostanze Pelizza si circonda di mistero e non dice una parola. Secondo un suo amico d'Oltralpe, quando fa così è perché non vuol fare sapere ai propri cari e ai suoi amici, fatti che potrebbero essere potenzialmente pericolosi. Per cui, nel rispetto della sua privacy, al momento non resta che attendere eventuali sviluppi della situazione. Sempre che ce ne siano, ovviamente. Vedremo…

RDS

ESPERIMENTI

FASE PREPARATORIA DELL'ESPERIMENTO DI PELIZZA

Il materiale distrutto dal raggio della macchina

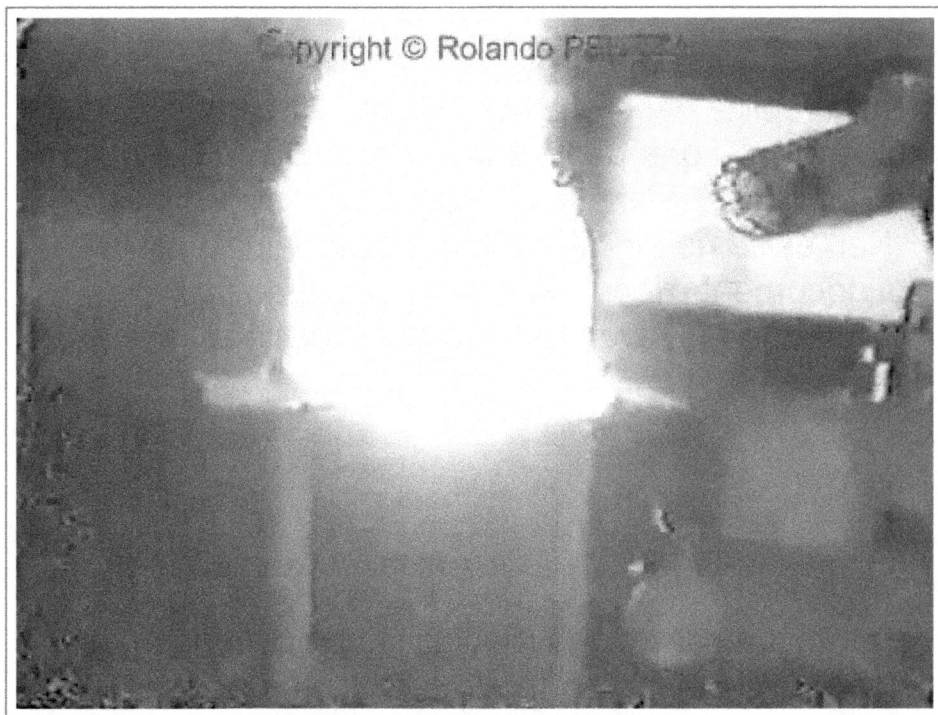

47 Palate di fango su Majorana: adesso qualcuno lo vuole gay

Dura replica del professor Erasmo Recami, biografo del grande scienziato scomparso nel nulla a Napoli il 27 Marzo del 1938:
"Non esistono indizi, testimonianze o qualsiasi tipo di documentazione storica che possano far pensare ad un'eventuale omosessualità"

di *Rino Di Stefano*

(*RinoDiStefano.com*, Domenica 27 Marzo 2016)

L'ambigua campagna mediatica che certi potentati economici stanno portando avanti pro gay e gender, adesso sta cercando di arruolare anche Ettore Majorana. A tirare in ballo la figura del celebre scienziato scomparso a Napoli il 27 marzo del 1938, cioè esattamente 78 anni fa, non sono storici o studiosi qualificati che conoscono bene la vita e gli studi di Majorana, bensì autori che si improvvisano "esperti", sfruttando il nome di uno dei più illustri e misteriosi geni che l'Italia abbia mai partorito. Il fatto poi che su Ettore Majorana vengano versate palate di fango, descrivendolo in un modo che nulla aveva a che fare con la realtà dei fatti, pare che non importi a nessuno. Tanto è scomparso, quando mai potrà ribattere… A prescindere dal fatto che ci sarebbero davvero molte cose da dire su quanto sta accadendo nella nostra società a questo livello, mi sembra molto appropriato quanto a suo tempo ha scritto il mio amico e collega Marcello Foa:

"E' il ribaltamento del mondo: una battaglia a tutela della minoranza gay viene usata per tentare di sradicare l'identità sessuale naturale della stragrande maggioranza delle persone e convincere le nuove generazioni che ognuno può scegliere se diventare omosessuale o bisessuale o transessuale. Diciamola tutta: è un'aberrazione, che però si afferma sempre di più, agendo su più livelli. […] E' una battaglia subdola perché, schermandosi dietro alle rivendicazioni gay, inibisce un dibattito normale. Si impedisce alla gente di capire cos'è l'ideologia gender, di interrogarsi e in ultima analisi di decidere. Come dovrebbe accadere in democrazia ".

Infatti, non basta più il civile buon senso del vivi e lascia vivere, secondo il quale ognuno è libero di vivere la propria sessualità come più gli pare, nel rispetto delle reciproche differenze. Adesso si vorrebbe far credere che seguire la propria natura di eterosessuali (come fa il 95% della popolazione) sia sbagliato. Ed è evidente il tentativo di sdoganare nella "normalità" ciò che è tale solo per i diretti interessati.

Ma questo discorso porterebbe lontano e non mi sembra il caso di affrontarlo adesso, nel presente contesto. Quello che ora mi preme è che in questa battaglia di propaganda politica dagli oscuri contorni, ci sia finito dentro anche il nome di Ettore Majorana. Ho dunque pensato di rivolgere alcune domande a questo riguardo al professor Erasmo Recami, ordinario di Fisica e di Struttura della Materia all'Università di Bergamo, nonché maggior biografo vivente di Ettore Majorana. E' stato infatti il professor Recami a pubblicare il libro "Il caso Majorana", cioè lo studio più completo mai realizzato fino ad oggi sulla figura del grande scienziato siciliano, scomparso nel nulla quella mattina di primavera del 1938.

Professor Recami, che cosa ha provato quando ha letto di questa nuova ipotesi che vorrebbe Majorana omosessuale?

"Un po' di tristezza, per non dire nausea... Ai miei tempi, quando mi preoccupavo di scoprire e raccogliere documenti seri circa il grande Ettore Majorana (e ciò' soprattutto dal 1969 al 1973, e poi fino al 1987, e oltre), eravamo ben pochi a svolgere ricerche sul Majorana: e tutti con lo scopo altruistico di valorizzarne il nome, la vita, le opere. Da una decina d'anni, molti, invece, si sono mossi a scrivere sul Nostro con lo scopo di guadagnarsi facile fama a spese del nome illustrissimo di Ettore... E' una cosa molto sgradevole, che da' tristezza".

A suo avviso, esiste una qualsivoglia evidenza storica che proverebbe la presunta omosessualità di Majorana?

"Il 90 o 95% dei documenti biografici seri sono disponibili dal 1987 (ed anche prima) negli scritti di chi per primo li pubblicò, ovvero, modestia a parte, del sottoscritto: in particolare nel libro *Il Caso Majorana: Epistolario, Documenti, Testimonianze*, da me pubblicato in tandem con Maria Majorana, indimenticabile sorella di Ettore. Ebbene, nei detti documenti, nell'epistolario, nelle testimonianze, non si incontra una sola parola che possa alludere ad omosessualità. S'intende, l'omosessualità attribuita a personaggi come Leonardo da Vinci, oppure, ora, come il Majorana, secondo me sarebbe inessenziale: un fatto privato, neanche disdicevole secondo la mentalità moderna... Ma non si trova un solo documento, una sola frase, che possa fare pensare che Ettore fosse gay".

Ci sono riscontri famigliari nella vita di Majorana che potrebbero far pensare ad una

sua omosessualità?

"Dal 1969 ho mantenuto un contatto profondamente amichevole con la famiglia Majorana di Roma e di Catania: soprattutto fino alla scomparsa, in Roma, di Maria Majorana; e, a Catania, di Nunni Cirino vedova di Luciano Majorana (fratello di Ettore), e quindi cognata di Ettore. Non ho mai avuto la minima impressione che qualcuno pensasse che Ettore fosse gay. Al contrario, ho avuto varie indicazioni di sentimenti platonici di Ettore per signorine di sesso femminile".

Dai congiunti di Majorana, ha mai sentito parlare di una presunta omosessualità di Ettore?

"Come dicevo, non solo non ne ho mai sentito parlare, ma neppure ebbi mai l'impressione che qualcuno della famiglia avesse una idea del genere nell'anticamera del cervello... Anzi, è ben possibile che Ettore all'Universita' di Napoli abbia nutrito dei sentimenti per la sua bella e brillante allieva Gilda Senatore...".

Qual è, allora, il suo giudizio sulla pubblicazione di notizie prive di fondamento che creano ipotesi offensive e inverosimili?

"Chi vuole farsi pubblicità sfruttando il nome di un Grande, non recederà di fronte a nulla... Ma chi offende persone di tanta mente, e di altrettanta sensibilità umana, merita biasimo e disgusto... O, meglio, merita indifferente silenzio; in attesa di chi è più gentiluomo: il tempo".

48 Tre nuovi documenti segreti rivelati dal sito WikiLeaks di Julian Assange

USA coinvolti nel caso Pelizza
fin dal settembre del 1976:
fu Henry Kissinger a dare l'OK

di *Rino Di Stefano*

(*RinoDiStefano.com*, Mercoledì 8 Giugno 2016)

Questa volta è ufficiale: è dal settembre del 1976 che il governo degli Stati Uniti è coinvolto nel caso della macchina che annichilisce la materia. Risale infatti a quel periodo il contatto che il Dipartimento di Stato di Washington ha stabilito con Rolando Pelizza, l'uomo che sostiene di gestire la macchina che avrebbe ereditato da Ettore Majorana, lo scienziato scomparso nel nulla nel 1938. I documenti segreti che provano il coinvolgimento degli USA in questa storia, sono stati diffusi dal sito *WikiLeaks* di Julian Assange e sono tre, tutti con oggetto "Possibile generatore ad alta energia". Il primo risale a venerdì 17 settembre 1976, è stato protocollato con la sigla Secret Rome 15277, ed è stato inviato alle ore 16,26 dall'Ambasciata di Roma al Dipartimento di Stato a Washington. Il testo è firmato da Robert M. Beaudry, vice capo della missione diplomatica in Italia dal 1973 al 1977.

Il secondo messaggio, forse il più importante, è di sabato 25 settembre 1976, protocollo Secret State 239073, ed è stato spedito alle ore 14,50 dal Dipartimento di Stato di Washington all'Ambasciata di Roma. Contiene una sola nota in tre punti e la firma è di Henry Kissinger, Segretario di Stato dal 1973 al 1977.

Il terzo documento, infine, è di mercoledì 29 settembre 1976, protocollo Secret Rome 15909, ed è stato inviato alle ore 15,05 dall'Ambasciata di Roma al Dipartimento di Stato. In questo caso, dovendo rispondere direttamente ad un'autorità come Kissinger, la firma del testo è di John A. Volpe, il figlio di immigrati abruzzesi che divenne ambasciatore degli Stati Uniti a Roma dal 1973 al 1977.

In effetti, si sapeva già dell'interessamento degli americani verso la misteriosa macchina di Pelizza. Nell'ampio archivio dove si trova tutta la documentazione sul controverso personaggio bresciano, c'è anche la fitta corrispondenza che venne intrattenuta nel 1976 tra il suo gruppo e i diplomatici dell'Ambasciata USA a Roma, oltre ad eminenti funzionari del Dipartimento di Stato a Washington. Fino ad oggi, però, non esisteva alcun documento segreto ufficiale inerente l'interessamento del governo degli Stati Uniti su questa questione. Né, tantomeno, si poteva ipotizzare un intervento diretto di Kissinger sul caso Pelizza. WikiLeaks, a quanto pare, ha svelato una verità che tutti, fino ad oggi, ignoravano.

Ma vediamo che cosa contengono questi documenti. Il primo, quello del 17 settembre 1976, traccia un riepilogo di quanto è accaduto, raccontando come è avvenuto il contatto tra le persone aderenti il gruppo di Pelizza e l'Ambasciata USA di via Veneto. Quello che segue è il testo, tradotto in italiano.

SEGRETO

Pagina 01 Roma 15277 171850Z

---------------------- 056241

R 171626Z AEP 76

FM AMEMBASSY ROME

TO SECSTATE WASHDC 0046

SEGRETO ROMA 15277

TAGS: ENRG

OGGETTO: POSSIBILE GENERATORE DI ALTA ENERGIA

1. Sommario: Lo scopo di questo telegramma è di informarvi su un potenzialmente importante strumento energetico con Dao, Pol/Mil e Sci che è stato investigato negli ultimi due mesi.

2. Nel luglio 1976 il consulente scientifico [Prof. John B. Louis Manniello, n.d.r.] è stato avvicinato dal Dr. Lorenzo Gorini, il quale ha dichiarato che egli conosceva un gruppo di scienziati (di nazionalità sconosciuta) che avevano inventato un metodo pratico per generare energia con una quantità maggiore di quella nucleare. Egli ha proposto che il consulente scientifico si incontri con uno dei suoi colleghi che hanno un contatto diretto con il gruppo.

3. Il consulente scientifico ha visto un filmato video con una dimostrazione della macchina che sembra essere approssimativamente 30x18x24 pollici [75x45x60 cm, n.d.r.] con una protuberanza

simile ad un obiettivo fotografico. Un solido cilindro di ferro è stato quindi posizionato, come bersaglio, di circa 2x8 pollici [5x20 cm, n.d.r.] a circa 50 piedi [circa 15 metri, n.d.r.] dalla macchina. A quel punto si è sentito un ronzio, è apparso un piccolo sbuffo di fumo bianco e istantaneamente il campione di ferro si è sciolto. La distruzione di altri materiali è stata dimostrata nello stesso modo.

SEGRETO

1. L'Ambasciata ha stabilito che il servizio segreto dell'USAF (AFIN) fornisse campioni che dovrebbero essere consegnati per eseguire prove controllate. Conseguentemente, la Divisione per le Tecnologie Straniere dell'Aeronautica, ha fornito campioni di vari materiali quali vetro, tegole, ferro, eccetera. Un fisico dell'Aeronautica e il consigliere scientifico hanno fatto osservare che la videocassetta dell'esame era davvero impressionante. Il video tape, i campioni e la proposta di contratto sono stati allora inviati alla AFIN di Washington per essere esaminati. La proposta di contratto essenzialmente chiedeva 20 milioni di dollari per un deposito in buona fede in una banca nazionale per un test controllato, un test completamente gestito da nostre specifiche che dovrebbe essere completamente

soddisfacente per gli osservatori americani, essendo un catalizzatore per un coinvolgimento teso a creare una società da qualche parte tra la Svizzera e l'Italia per progettare la macchina, nell'ambito di un sistema di produzione.

2. Un rapporto iniziale della AFIN indica che il sistema non sembra fraudolento. Recentemente, comunque, ulteriori rapporti hanno alternato entusiastico interesse e disappunto.

3. Il consigliere scientifico ha incontrato il dr. Massimo Pugliese e il dr. Pelizza (SP) (un membro tecnico del gruppo) [nel testo il nome è stato storpiato in Pellizzia, n.d.r.] il 16 Settembre per trasmettere la richiesta urgente della AFIN del 15 Settembre, allo scopo di permettere a quattro osservatori americani di assistere ad un singolo test dal vivo con materiali forniti dagli americani stessi. Tale test, se considerato soddisfacente, avrebbe come risultato l'inizio di negoziazioni contrattuali, ma non il completo coinvolgimento del gruppo proposto nell'originale offerta contrattuale.

4. Commento: Chiaramente la buona fede di questa macchina non è stata ancora stabilita. Ma la disponibilità espressa dal gruppo di permettere agli osservatori americani, con materiali forniti dagli americani stessi per gli esperimenti, di partecipare ad un test dal vivo, suggerisce che la questione meriti una seria considerazione. Senza il supporto di analisi spettrografiche o di esami di

laboratorio di qualsiasi tipo, noi crediamo che un sistema come questo potrebbe essere basato su una tecnologia di fasci di particelle cariche come quella del fascio di idrogeno negativo che è stata sviluppata a Los Alamos, oppure il fascio di protoni generato da un acceleratore autorisonante, come quello sviluppato dalla Austin Associates. Un'altra tecnica potrebbe essere l'uso di una tecnologia derivata da un acceleratore di particelle per produrre fasci di alta energia pesantemente ionizzata. Dovrebbe essere provato in segretezza che si tratti di qualsiasi cosa di sostanzioso.

SEGRETO

Pagina 03 Roma 15277 171850Z

Le prestazioni di questa invenzione potrebbero essere ovviamente significative nelle implicazioni della politica estera (e del settore militare). OES (1) potrebbe volere, insieme con P/M, di combinare incontri appropriati attraverso il direttore dell'Intelligence dell'Aviazione americana. Beaudry

SEGRETO

> (1) Bureau of Oceans and International Enviromental and Scientific Affairs (Ufficio degli Oceani e degli Affari Ambientali e Scientifici Internazionali n.d.r.)

Come si può notare, l'interesse degli americani
verso il progetto italiano è notevole, pur con tutte le
precauzioni del caso. In questo frangente,
comunque, il loro interlocutore è il dottor Massimo
Pugliese, tenente colonnello del SID (Servizio
Informazioni Difesa, dal 1966 al 1977 il servizio
segreto italiano che ha sostituito il Servizio
Informazioni Forze Armate) e socio di Pelizza nella
società Transpraesa, con sede a Vaduz, nel
Lienchestein. Per inciso, ancora oggi Pelizza
sostiene di non essere stato al corrente delle
richieste economiche presentate da Pugliese agli
USA.
Beaudry, il vice capo della missione diplomatica
americana a Roma, in questo messaggio cerca di
fornire ai suoi superiori un quadro dell'intera storia,
pur riservandosi tutte le verifiche del caso. Di
certo, però, non si aspettava una risposta come
quella che gli arrivò alcuni giorni dopo, il 25
settembre 1976.

SEGRETO
Pagina 01 Stato 239073
---------------------- 006063
R 251450Z SEP 76
FM SECSTATE WASHDC
TO AMEMBASSY ROME
SECRETSTATE 239073
LIMDIS
TAGS: ENRG, IT
OGGETTO: POSSIBILE GENERATORE DI ALTA
ENERGIA
Reg: F: Roma 15277

1. Le Agenzie di Washington stanno seriamente affrontando il problema e aspettano di sviluppare una linea d'azione a breve, entro le prossime settimane, possibilmente anche prima. Manterremo l'Ambasciata informata.

2. Per favore, ricostruite l'intera storia includendo ulteriori nomi, affiliazioni e rapporti via cavo.

3. Per favore, trasmettete tutte le future comunicazioni almeno Limdis (1).

Kissinger

SEGRETO

     (1) Limited Distribution Only
     (Soltanto distribuzione ristretta,
     n.d.r.)

Kissinger, allora potentissimo Segretario di Stato, aveva preso in mano la situazione conferendole un credito che neppure i funzionari dell'Ambasciata immaginavano. E adesso chiedeva ai suoi sottoposti di fornirgli un riassunto della storia, per valutarlo meglio. La risposta arriva nel giro di quattro giorni, a firma dell'ambasciatore John A. Volpe.

SEGRETO

Pagina 01 Roma 15909 291742Z

-------------------- 052532

R 291 505Z SEP 76
FM AMEAMBASSY ROME
TO SECSTATE WASHDC 0232

SEGRETO ROMA 15909
LIMDIS

E.O. 11652: GDS
TAGS: ENRG, IT

OGGETTO: POSSIBILE GENERATORE DI ALTA ENERGIA

REF: (A) ROMA 15277; (B) STATO 239073

1. Segue un riassunto dell'intera storia.

2. Nel Luglio del 1976 i dottori Lorenzo Gorini e Massimo Pugliese (di nazionalità italiana) hanno avvisato il consigliere scientifico di una presunta maggiore scoperta nel generare e trasmettere energia. Il consigliere scientifico ha visto un video tape del sistema in azione. Successivamente, un video tape di un test eseguito con campioni forniti dalla AFIN, è stato visto con un fisico. Il video tape, con la proposta di un contratto e i campioni, è stato dunque inviato alla AFIN. Rapporti provenienti da Washington variavano dall'accettazione di una dirompente scoperta tecnologica fino all'asserzione di una frode. A metà settembre l'AFIN ha richiesto di poter partecipare ad un test dal vivo con la presenza di quattro osservatori americani. I dottori Gorini e Pugliese hanno dato il loro assenso, ma il protagonista dell'esperimento non lo ha fatto. Invece, essi hanno proposto, attraverso un responsabile tecnico, di avere un impegno scritto preliminare da parte dei soggetti americani, nel quale si esternasse la più completa soddisfazione circa i risultati del test da parte dei quattro osservatori. Mentre l'AF stava considerando quest'azione, i protagonisti di questa

storia hanno acquisito i servizi di Matthew Tutino, in passato Vice presidente esecutivo della Exim Bank, per rappresentarli a Washington. Il signor Tutino ha ricevuto istruzioni per offrire opportunità da parte degli Stati Uniti per una dimostrazione dal vivo in segreto.

SEGRETO

Pagina 02 Roma 15909 291742Z

CIRCA LA DISTRUZIONE DI UN SATELLITE, DI UN CARRO ARMATO E/O ANIMALI IN MOVIMENTO

Così come qualunque esperimento effettuato sotto controllo, nessuna risposta è stata ricevuta fino ad oggi. Il 27 Settembre due esponenti finanziari del Gruppo hanno visitato il consigliere scientifico con lo scopo di ottenere l'impegno che quel sistema non sarebbe stato usato per lo sviluppo di armi. In questo caso, i due interlocutori erano Pietro Panetta, un italiano [nel testo il nome è stato storpiato in Paretta n.d.,r.], e Silvano Lesdi, uno svizzero. Essi hanno accettato la dichiarazione da parte del consigliere scientifico che egli non potrebbe coinvolgere gli Stati Uniti in questo o qualunque altro aspetto della proposta.

1. Commento: l'Ambasciata si prepara a continuare con il presente ruolo, eventualmente modificandolo o chiudendolo in accordo con le istruzioni che perverranno dal Dipartimento. Volpe.

SEGRETO

Affinché si capisca di che cosa si sta parlando, occorre sapere che gli Stati Uniti avevano chiesto a Pelizza di dimostrare il funzionamento della sua macchina abbattendo uno dei loro satelliti che venivano meno usati. A questo proposito, gli americani avevano fornito la seguente tabella, nella quale c'erano i dati identificativi dei possibili obiettivi.

Satellite	Orbit	Status
1	270 nm circular	Operative
2	450 nm circular	Operative

3	Synchronous Equatorial 85° +/– 1° W	Partially operative
4	Synchronous Equatorial 100° +\– 1° W	Operative
5	Synchronous Equatorial 23° +\– 1° W	Operative

Tuttavia, Pelizza non aveva alcuna intenzione di prestarsi a questa dimostrazione, in quanto, a suo modo di vedere, una simile prova avrebbe dimostrato l'efficienza della sua macchina come arma militare. Egli, dunque, si oppose e quell'esperimento non venne mai effettuato. A prescindere da questo, le lettere in nostro possesso dimostrano come l'interesse degli Stati Uniti verso la macchina di Pelizza fosse quanto mai concreto. Vediamo, ad esempio, quanto scrisse il 18 settembre 1976 il professor John B. Louis Manniello a Massimo Pugliese.

----

18 Settembre 1976

Dr. Massimo Pugliese
Via Cesare Ferrero di Cabiano, 82
Roma

Caro Dr. Pugliese,
a conclusione dell'incontro del 17 Settembre 1976,
nel quale il rappresentante del Governo degli Stati
Uniti, Mr. Matthew Tutino, era presente, noi
confermiamo l'interesse del Governo degli Stati
Uniti per l'acquisizione del sistema che voi avete
proposto.
Mr. Tutino ritorna a Washington, D.C., oggi stesso
e riferirà a Washington la posizione e le richieste
del vostro gruppo. Egli farà del suo meglio per
negoziare un accordo e facilitare le conclusioni di
una comprensione per il beneficio di entrambe le
parti.
Noi comprendiamo l'urgenza del progetto e
procederemo con priorità e la massima urgenza.
Sinceramente,
John B. Louis Manniello
Consulente dell'Ambasciata per
gli Affari Scientifici e Tecnologici

Ma Tutino aveva realmente l'autorità conferita dal
suo governo per negoziate con gli italiani?
Secondo la prossima lettera, proveniente da
Robert N. Parker, Direttore del Defense Research

and Engineering di Washington (Ricerca e
Ingegneria della Difesa), pare proprio di sì.

----

30 Settembre 1976

Dr. Matthew E. Tutino
141 Deer Ridge Road
Basing Ridge, New Yersey 07920

Caro Dr. Tutino:
Dalle nostre discussioni delle scorse settimane,
noi concordiamo che il gruppo in questione possa
avere qualcosa di valore. Noi siamo d'accordo
sull'idea di condurre un test così come abbiamo
discusso e siamo preparati a fornirvi i dati richiesti
che noi crediamo possano rendere questi esami
possibili.
Dopo aver fatto questo, e se il test venisse
giudicato di successo, noi saremo pronti a sederci
ad un tavolo e attivare trattative significative.
Sinceramente,

Robert N. Parker
Acting Director of Defense
Research and Engineering

Le trattative con il gruppo di Pelizza continuarono,
a fasi alterne, per un pezzo e, alla fine,

interferirono con le elezioni presidenziali USA che il 2 Novembre 1976 videro soccombere Gerald Ford di fronte al georgiano Jimmy Carter. A quel punto, anche il rappresentante di Ford nella vicenda Pelizza dovette lasciare. Ed ecco dunque che cosa scrisse Mattew E. Tutino a Pugliese in data 26 Novembre 1976, in risposta ad una sua lettera dello stesso giorno.

----

26 Novembre 1976

Dr. Massimo Pugliese
Via Tevere, 19
Roma, Italia

Caro Dr. Pugliese,
le scrivo in risposta alla sua lettera del 26 Novembre 1976. Dopo un'accurata valutazione della vostra proposta, vorrei informarvi che accetto la vostra proposta alla seguente condizione: come lei sa, prima del settembre 1976 io ero alle dipendenze del Governo Americano e del Presidente Ford. A causa del risultato delle recenti elezioni degli Stati Uniti, se io dovessi tornare al servizio del governo, non potrei più essere nella posizione di continuare le sopracitate negoziazioni a causa di un possibile conflitto di interesse. In questa circostanza, richiedo il suo consenso per essere sostituito dal Dr. Lorenzo Gorini – Via

Ferrero di Cambiano 82, Roma, Italia, con il potere
di procuratore che voi mi avete accordato, in modo
che egli possa continuare la negoziazione e la
rappresentanza nell'interesse della Transpraesa.
Questo atto vi garantirà l'integrità del vostro
progetto senza ritardi.
Per favore, firmi una copia di questa lettera,
indicandomi così la vostra accettazione e accordo,
e rispeditemela.
Sinceramente suo,
Matthew E. Tutino

Il significato di questa lettera è che, dopo la caduta
di Ford, Pugliese e Pelizza avevano chiesto a
Tutino di rappresentare la loro società a
Washington. Egli, però, pensando di rientrare al
servizio del governo, e quindi di potersi trovare in
una posizione conflittuale difendendo gli interessi
del gruppo italiano, declina elegantemente l'invito,
offrendo al suo posto Lorenzo Gorini.
Da questo momento, però, non abbiamo più
traccia dell'esito che presero le trattative. Non ci
sono documenti e nemmeno lettere che possano
dimostrare il risultato degli eventuali accordi,
sempre che ci siano stati. Tutto quello che
sappiamo, quindi, è soltanto che gli Stati Uniti
intervennero al loro più alto livello nel caso Pelizza
fin dal settembre 1976. Non è detto, comunque,

che altre nuove prove non possano saltar fuori, dimostrando quale sia stato il ruolo segreto degli Stati Uniti in questa incredibile storia nel corso degli ultimi quarant'anni.

Public Library of US Diplomacy

POSSIBLE HIGH ENERGY GENERATOR

Date:
1976 September 17,
16:26 (Friday)

Canonical ID:
1976ROME15277_b

Original Classification:
SECRET

Current Classification:
UNCLASSIFIED

In the metadata of the Kissinger Cables this field is called 'Previous Handling Restrictions'.

Cablegate does not originally have this field. We have given it the entry 'Not Assigned'.

Character Count:
3951

Citations for acronyms used are available here." data-hasqtip="true" oldtitle="Handling Restrictions" title="">Handling Restrictions
-- N/A or Blank --

Executive Order:
GS

Locator:
TEXT ON MICROFILM,TEXT ONLINE

TAGS:

Concepts:

ENRG - Economic Affairs--Energy and Power | GORINI, LORENZO | IT - Italy

BRIEFINGS | ENERGY |INVENTIONS | I EXCHANGES

Enclosure:
-- N/A or Blank --

Type:
TE - Telegram (cable)

Office Origin:
-- N/A or Blank --

Office Action:
ACTION OES - Bureau of Oceans and International Environmental and Scientific Affairs

Archive Status:
Electronic Telegrams

From:
Italy Rome

Markings:
Margaret P. Grafeld Declassified/Release Systematic Review 04 MAY 2006

To:
Department of State | Secretary of State

1. SUMMARY: PURPOSE OF THIS TELEGRAM IS TO INFORM YOU OF A POTENTIALLY IMPORTANT ENERGY DEVELOPMENT WHICH DAO, POL/MIL AND SCI HAVE BEEN INVESTIGATING

FOR THE LAST TWO MONTHS. 2. IN JULY 1976, THE SCICOUNS WAS APPROACHED BY DR. LORENZO GORINI WHO STATED THAT HE KNEW OF A GROUP OF SCIENTISTS (NAT- IONALLY UNKNOWN) WHO HAD INVENTED A PRACTICAL METHOD OF GENERATING ENERGY AT A MAGNITUDE GREATER THAN NUCLEAR ENERGY. HE PROPOSED THAT SCICOUNS MEET WITH ONE OF HIS COLLEAGUES WHO HAD DIRECT CONTACT WITH THE GROUP. 3. SCICOUNS THEN WITNESSED A VIDEO TAPE OF A DEMONSTRATION OF A MACHINE THAT APPEARED TO BE APPROX 30X18X24 INCHES WITH A

PROTRUDING
LENS-LIKE
BARREL. A SOLID
CYLINDER IRON
TARGET OF ABOUT
2X8 INCHES WAS
PLACED APPROX
50 FEET FROM THE
MACHINE. THERE
WAS A WHIRRING
SOUND, A SMALL
PUFF OF WHITE
SMOKE, AND
INSTANTANEOUSLY
THE IRON SAMPLE
MELTED. THE
DESTRUCTION OF
OTHER MATERIALS
WAS
DEMONSTRATED
WITH EQUAL
DRAMA. SECRET

Public Library of US Diplomacy 2

Cable: 1976STATE239073_b
https://wikileaks.org/plusd/cables/1976STATE239073_
b.html

Specified Search (//search.wikileaks.org/plusd/) View Map (/plusd/map) Make Timegraph (/plusd/graph) View Tags (/plusd/tags/) Image Library (/plusd/imagelibrary/)

POSSIBLE HIGH ENERGY GENERATOR

Date: 1976 September 25, 14:50 (Saturday) Canonical
ID: 1976STATE239073_b
Original Classification: SECRET Current Classification:
UNCLASSIFIED
Handling Restrictions LIMDIS - Limited Distribution
Only Character Count: 897
Executive Order: GS Locator: TEXT ON
MICROFILM,TEXT ONLINE
TAGS: ENRG - Economic Affairs--Energy and Power
(/plusd/?q=&qftags=ENRG#result) | IT - Italy
(/plusd/?q=&qftags=IT#result) | US - United
States (/plusd/?q=&qftags=US#result)
Concepts: ENERGY (/plusd
/?q=&qfconcept=ENERGY#result) |
INVENTIONS (/plusd

/?q=&qfconcept=INVENTIONS#result) | RESEARCH (/plusd /?q=&qfconcept=RESEARCH#result) | TECHNOLOGICAL EXCHANGES (/plusd /? q=&qfconcept=TECHNOLOGICAL+EXCHANGES#re sult

Enclosure: -- N/A or Blank -- Type: TE - Telegram (cable)

Office Origin: ORIGIN OES - B⌐ ⊔⌐|- O•⊔◻⌐◻

I◻♂⌐◻♂|◻ E◻⚥|◻☼⌐◻♂ ⌐◻
S•⌐◻♂-•
A—⌐

Office Action: -- N/A |⌐ B⌐◻⊦ --

Archive Status: Electronic Telegrams

From: D◀⌐♂☼⌐◻♂ |- S♂♂∟ (/◀ ⌐

/?↕=‼↕-|⌐¶◻=D◀⌐♂☼⌐◻♂+|—+S♂♂⌐#⌐ ∟⌐♂)

Markings: Margaret P. Grafeld Declassified/Released US Department of State EO Systematic Review 04 MAY 2006

To: I♂ ⊥R|☼∟ (/◀ ⌐
/?↕=‼↕-
∟♂◻♂|◻=I♂ ⊥
%23%23R|☼∟#⌐ ∟⌐♂)

Specified Search (//search.wikileaks.org/plusd/) View Map (/plusd/map) Make Timegraph (/plusd/graph) View Tags (/plusd/tags/) Image Library (/plusd/imagelibrary/)

POSSIBLE HIGH ENERGY GENERATOR

References to this document in other cables
References in this document to other cables
1976ROME15909
(/plusd/cables/1976ROME15909.html)
If the reference is ambiguous all possibilities are listed.
REG:F: ROME 15277
1. WASHINGTON AGENCIES ARE SERIOUSLY ADDRESSING THE ISSUE
AND EXPECT TO DEVELOP A COURSE OF ACTION WITHIN THE NEXT
FEW WEEKS, POSSIBLY EARLIER. WILL KEEP EMBASSY ADVISED.
2. PLEASE RECAP FULL HISTORY INCLUDING FURTHER NAMES,
AFFILIATIONS AND REPORT BY CABLE.
3. PLEASE TRANSMIT ALL FUTURE COMMUNICATIONS AT LEAST
LIMDIS. KISSINGER
SECRET
NNN
Cable: 1976STATE239073_b
https://wikileaks.org/plusd/cables/1976STATE239073_b.html

Public Library of US Diplomacy 3

Date: 1976 September 29, 15:05 (Wednesday)
Canonical ID: 1976ROME15909_b
Original Classification: SECRET Current Classification:
UNCLASSIFIED
Handling Restrictions LIMDIS - Limited Distribution
Only Character Count: 2220
Executive Order: GS Locator: TEXT ON
MICROFILM,TEXT ONLINE
TAGS: ENRG - Economic Affairs--Energy and Power
(/plusd/?q=&qftags=ENRG#result) | GORINI,
LORENZO (/plusd
/?q=&qftags=GORINI%2C+LORENZO#result)
| IT - Italy (/plusd/?q=&qftags=IT#result) |
PUGLIESE, MASSIMO (/plusd
/?q=&qftags=PUGLIESE%2C+MASSIMO#result)
Concepts: ELECTRIC GENERATORS (/plusd
/?q=&qfconcept=ELECTRIC+GENERATORS#result
| ENERGY (/plusd
/?q=&qfconcept=ENERGY#result) | REPORTS
(/plusd/?q=&qfconcept=REPORTS#result) |
RESEARCH (/plusd
/?q=&qfconcept=RESEARCH#result)
Enclosure: -- N/A or Blank -- Type: TE - Telegram
(cable)
Office Origin: -- N/A OR BLANK --

POSSIBLE HIGH ENERGY GENERATOR

1. A RECAP OF THE FULL HISTORY FOLLOWS.
2. IN JULY 1976 DRS. LORENZO GORINI AND MASSIMO PUGLIESE
(ITALIAN NATIONALS) ADVISED SCICOUNS OF ALLEGED MAJOR BREAKTHROUGH
IN ENERGY GENERATION AND TRANSMISSION.

SCICOUNS VIEWED
VIDEO TAPE OF SYSTEM IN OPERATION.
SUBSEQUENTLY, A VIDEO
TAPE OF A TEST WITH AFIN FURNISHED
SAMPLES WAS VIEWED WITH AF
PHYSICIST. THE VIDEO TAPE WITH A PROPOSED
CONTRACT AND THE
SAMPLES WERE THEN SHIPPED TO AFIN.
REPORTS FROM WASHINGTON
VARIED FROM ACCEPTANCE OF POSSIBLE
MAJOR TECHNOLOGICAL ADVANCE
TO ASSERTION OF FRAUD. IN MID-SEPTEMBER
AFIN REQUESTED
SIMPLE LIVE TEST WITH FOUR AMERICAN
OBSERVERS PRESENT. DRS.
GORINI AND PUGLIESE INDICATED ASSENT BUT
THE PRINCIPALS DID
NOT. INSTEAD THEY PROPOSED THROUGH A
TECHNICAL PRINCIPAL TO
HAVE A WRITTEN PRELIMINARY COMMITMENT
FROM THE U.S. SUBJECT
TO COMPLETE SATISFACTION OF TEST RESULTS
BY THE FOUR OBERVERS.
WHILE THE AF WAS CONSIDERING THIS ACTION,
THE PRINCIPALS
ACQUIRED THE SERVICES OF MATTHEW
TUTINO, FORMERLY EXEC V.P.
OF EXIM BANK TO REPRESENT THEM IN
WASHINGTON. MR. TUTINO
WAS ADVISED TO OFFER U.S. OPPORTUNITY
FOR A LIVE DEMONSTRATION

SECRET
SECRET
PAGE 02 ROME 15909 291742Z
OF THE DEMOLITION OF A SATELLITE, TANK
AND/OR MOVING ANIMAL
AS WELL AS ANY CONTROLLED SAMPLES. NO
RESPONSE HAS BEEN
Cable: 1976ROME15909_b
https://wikileaks.org/plusd/cables/1976ROME15909_b.
html
1 di 2 29/05/16 23.50

49 L'Università di Bergamo dedica un libro al Prof. Erasmo Recami

L'illustre docente di Fisica, di fama internazionale, in patria è noto soprattutto come biografo ufficiale di Ettore Majorana

di *Rino Di Stefano*

(*RinoDiStefano.com*, Lunedì 18 Luglio 2016)

In questa occasione non parliamo di un libro qualunque, ma di una pubblicazione che l'Università degli Studi di Bergamo ha voluto dedicare ad uno dei suoi più eminenti docenti, il professor Erasmo Recami, ordinario di Fisica presso il Dipartimento di Ingegneria e Scienze Applicate, oggi in pensione. Stiamo parlando del volume "Pubblicazioni di E. Recami: Una selezione" (Selected papers by E. Recami), pubblicato nel 2015 su iniziativa del Magnifico Rettore della stessa Università, professor Stefano

Paleari. Ovviamente, non è un libro per tutti. Nelle sue 477 pagine, buona parte delle quali in inglese, si trova solo una sintesi delle migliaia di pubblicazioni che il professor Recami ha scritto, e continua a scrivere, nel corso della sua carriera. Dal momento che il professor Recami è uno scienziato di fama internazionale, il suo nome è ben conosciuto dagli addetti ai lavori. Basti pensare alle sue ricerche sulla relatività speciale (e la sua estensione alle antiparticelle e ai moti super-luminali), sulla meccanica quantistica, sulla storia della fisica, sulla matematica applicata, sulla fisica delle particelle elementari, sulla fisica nucleare, sulle relazioni tra micro e macro-universi e sulla relatività generale. Inoltre, essendo stato docente di molte discipline attinenti alla fisica, ha insegnato per dieci anni all'Unicamp, Stato di San Paolo del Brasile, e ha svolto ricerca scientifica anche ad Austin, Texas; Kiev, Ucraina; Oxford, Gran Bretagna; Copenaghen, Danimarca; Breslava, Polonia; ITP della California University a Santa Barbara.

Eppure, nonostante questo suo impressionante curriculum scientifico, il professor Recami in patria è noto soprattutto per essere il biografo dello scienziato scomparso più famoso d'Italia: Ettore Majorana. Nessuno, meglio di lui, è stato in grado di raccogliere notizie, documenti e testimonianze su quel grande fisico che una notte del marzo 1938, per ragioni che ci sono ancora oscure, decise di scomparire per sempre. La biografia di colui che Enrico Fermi paragonò a Newton e Galileo, è raccolta nel libro "Il caso Majorana" che dal 1986 costituisce il testo base per comprendere la vita, il carattere e le motivazioni dello scienziato siciliano. Del resto, non è un caso se il libro che l'Università di Bergamo ha voluto dedicare al professor Recami e al suo lavoro, si apre con l'articolo "Sciascia e Majorana – Il problema della responsabilità dello scienziato". Non dimentichiamo, infatti, che lo scrittore agrigentino ha tenuto una fitta corrispondenza con il professor Recami, scambiando con lui pareri e impressioni sulla scomparsa di Majorana. A questo proposito, come si legge nel testo: "Sciascia arriva ad attribuire ad Ettore anche qualità, interessi e decisioni che probabilmente non rappresentano la realtà, ma fanno assurgere la vicenda Majorana a emblema del comportamento dello scienziato 'buono' di fronte ai problemi posti dal progresso scientifico". In altre parole, "quale esempio dello scienziato che, di fronte al pericolo che le proprie scoperte possano essere usate a fin di male dal potere economico e politico, rinuncia a renderle note, e si ritira nell'ombra".

Ma il libro contiene mille altre curiosità, tutte degne di nota. Per esempio, si trova un articolo dal curioso titolo "Bruciare petrolio? Uno spreco", con sommario: "E' come usare nel camino mobili del '600", nel quale Recami spiega che si dovrebbero usare gli idrocarburi per produzioni chimiche con alto valore aggiunto. L'ideale, aggiunge, è che si prendesse l'esempio del Brasile, che per i trasporti usa alcol derivato da biomasse agricole.

Interessante anche il pezzo: "Einstein: le sue proposte per il rinnovamento dell'educazione (e delle scienze)". Recami, illustrando l'attività di colui che scoprì la relatività, fa notare che Einstein ha ricordato che fare scienza non vuol dire redigere un catalogo di fatti, bensì capirli. Insomma, superare il nozionismo della scienza per comprenderla intimamente in tutti i suoi aspetti.

Curioso anche l'articolo "Più veloci della luce?", nel quale il professor Recami sottolinea che uno dei primi scienziati a nominare particelle "più veloci dei raggi del sole" è stato probabilmente Lucrezio nel suo "De Rerum Natura" del 50 a.C. circa. Non solo. Fa pensare che nel 1917 il fisico statunitense: "R.C. Tolman credette di aver dimostrato in un suo 'paradosso' che l'esistenza di particelle con velocità maggiori di C avrebbe permesso l'invio di informazioni nel passato". Un po' come dire che al contenuto prettamente scientifico si aggiungono notizie e curiosità che rendono gli scritti del professor Recami godibili da chiunque.

Dai tachioni si passa poi al monopolo magnetico, alle Superluminali e così via. Nel complesso, un'opera memorabile che resterà come esempio di una vita dedicata alla scienza e alla ricerca, come quella del professor Erasmo Recami.

"Pubblicazioni di E. Recami: Una selezione – Selected Papers by E. Recami", Università degli Studi di Bergamo (Dipartimento di Ingegneria e Scienze Applicate), 2015, pp. 477.

50 La macchina venuta dal futuro

di Victor Tognola
(RSI, 2014)

Quello che presentiamo in questa pagina è il film
"La macchina venuta dal futuro" di Victor Tognola,
un documentario realizzato dalla Frama Films
International di Lugano in coproduzione con la
RSI, la Radiotelevisione Svizzera. Ho collaborato a
questo film nella veste di consulente, in quanto
autore dell'inchiesta sull'energia nascosta che nel
2010 ho pubblicato sul quotidiano nazionale Il
Giornale, a quel tempo diretto da Vittorio Feltri. Il
film (che dura 80 minuti) si ispira esplicitamente
alla mia inchiesta e, infatti, ho fornito alla
produzione la maggior parte dei contenuti e delle
testimonianze che vi compaiono. Il messaggio
finale del film è di fatto quello che emerge dalla
mia inchiesta: la presenza di una macchina
misteriosa (che funziona secondo principi di una
nuova fisica, al momento sconosciuta) in grado di
annichilire la materia, trasformarla da un elemento

all'altro, e, presumibilmente, permettere passaggi inter dimensionali che interferirebbero con il concetto spazio-tempo. E dietro tutto questo aleggia, come un'ombra, la figura dello scienziato scomparso Ettore Majorana.

Pur essendo un film ben fatto (Tognola è uno dei migliori documentaristi d'Europa), la RSI lo ha mandato in onda in questo 2014 nel mese più morto dell'anno (agosto, quando tutti sono in ferie), in un giorno feriale (lunedì) e in terza serata (alle 23,20). L'intenzione, sembra evidente, era quella di non dare troppo nell'occhio. Invece, Internet ha fatto il miracolo. Non appena la RSI ha inserito il film nel proprio sito web, decine di migliaia di persone (imbeccate dagli articoli che ho pubblicato su questo tema) sono andate a cercarlo, rendendolo subito popolare. Basti pensare che soltanto nei primi giorni, su Facebook già si contavano centomila visualizzazioni. E il trend è continuato, e continua, ancora oggi.
Ma perché la RSI non ha valorizzato, come avrebbe dovuto, un film così interessante? Ufficialmente, nessuno conosce la risposta. Anche se si potrebbero fare diverse ipotesi. Di certo c'è che il film non parla di una leggenda metropolitana, come ha chiarito Tognola fin dalle prime scene. Tratta, invece, di una storia realmente accaduta, che dura da mezzo secolo e che, fino ad oggi, non si è ancora conclusa. Vale

dunque davvero la pena di vederlo, questo
documentario! Provare per credere. Buona visione
a tutti.
RDS

SCOMPARSA "LA MACCHINA VENUTA DAL FUTURO"

8 Maggio 2015 – C'è una nuova notizia circa la
rimozione dal web, da parte della Radiotelevisione
Svizzera (RSI), del documentario "La macchina
venuta dal futuro" di Victor Tognola. Il film, che
raccontava la mia inchiesta giornalistica sulla
storia del dispositivo che produceva energia a
costo zero, non è più visibile. La RSI in un primo
tempo ha spiegato che *"per i doc. Pacte, oltre la
diffusione, abbiamo un catch-up di 7/14 giorni sul
web, dopo bisogna purtroppo toglierlo dal sito"*. A
quel punto io ho fatto osservare che il film è stato
sul sito RSI per ben 263 giorni e non 7-14 giorni,
come da loro sostenuto. Oggi, lunedì 11 maggio, la
RSI risponde nuovamente con queste
parole: *"Caro Rino Di Stefano, il documentario, per
il quale erano scaduti i diritti web, è stato tolto*

anche su richiesta diretta del regista". Dunque, afferma la RSI, sarebbe stato lo stesso Tognola a chiedere la rimozione del film dal web. Che dire? Evidentemente avrà avuto le sue buone ragioni… Per cui, ripeto, la sola cosa certa di questa storia è che l'unico film professionale che alzava il velo sui risvolti occulti di una strana e misteriosissima vicenda correlata alla scomparsa di Ettore Majorana, ma assolutamente reale, adesso non c'è più.

CAMBIATA LA VERSIONE ORIGINALE DEL FILM "LA MACCHINA VENUTA DAL FUTURO"

23 Novembre 2016 – C'è uno strano particolare nel DVD del film "La macchina venuta dal futuro", messo in vendita dalla Radiotelevisione Svizzera Italiana (RSI). Infatti, nella versione originale, il film durava circa 81 minuti, mentre quella che adesso viene proposta al pubblico dura soltanto 53 minuti. In altre parole, sono stati tagliati 28 minuti del video originale. Non solo. Leggete la presentazione che viene fatta del film:

La macchina venuta dal futuro
Documentario 2014/ Ita, Eng Subs/
53' di Viktor Tognola

Un soldato italiano reduce della Seconda Guerra mondiale porta con sé i piani di un'arma segreta che gli scienziati tedeschi, nel disfacimento della sconfitta, non sono riusciti a realizzare. Dopo circa 20 anni di silenzio, i piani passano nelle mani di un parente ingegnere che, con l'aiuto di un misterioso frate, riuscirà infine a costruirla. L'invenzione si rivela essere sì un'arma micidiale, ma anche una macchina che può produrre energia pulita a costo zero. Sottoposta a vari test scientifici, dà risultati fantastici. Ma i servizi segreti si attivano immediatamente, e l'ingegnere che l'ha sviluppata, il "Signore della Macchina", è sottoposto a pressioni di ogni tipo.

Ha persino luogo una trattativa segreta con la CIA in Vaticano, ma nessun risultato è raggiunto e della macchina si perde ogni traccia, o quasi.

Fonte: *RSI.ch/g/8125054*

Guardate, invece, come la RSI aveva presentato lo stesso documentario nell'agosto 2014:

La macchina venuta dal futuro
LA 1, lunedì 18 agosto, 23:20

L'energia pulita tanto auspicata per salvare il nostro pianeta forse esiste già da un pezzo, ma qualcuno la tiene nascosta per inconfessabili interessi economici. Ma non solo. Negli anni Settanta, infatti, un gruppo di scienziati italiani ne avrebbe scoperto il segreto, ma questa nuova e stupefacente tecnologia, che di fatto cambierebbe l'economia mondiale archiviando per sempre i rischi del petrolio e del nucleare, sarebbe stata volutamente occultata nella cassaforte di una misteriosa fondazione religiosa con sede nel Liechtenstein.

*Sembra la trama di un giallo internazionale l'incredibile storia che si nasconde dietro quella che, senza alcun dubbio, si potrebbe definire la scoperta epocale per eccellenza, e cioè la **produzione di energia pulita**.*
Ma chi è il genio dietro a questa macchina del futuro? Perché la vita della persona che custodisce questo segreto è minacciata? Forse siamo di fronte a una scoperta troppo precorritrice per il nostro tempo?
*Il regista **Victor Tognola** si avventura alla ricerca di risposte, alcune saranno rivelatrici, altre, invece, resteranno sospese, lasciando il dubbio tra la realtà e l'immaginazione.*

Fonte: *RSI.ch/g/1829790*

Come potete vedere, nella nuova versione verrebbe riesumata la vecchia favola del soldato, reduce della Seconda Guerra Mondiale, che porta con sé i piani di un'arma segreta rubata ai nazisti. A parte il fatto che questa storiella era stata solo menzionata di sfuggita da uno degli intervistati nel film originale, c'è da dire che era già stato accertato che questo racconto fosse solo frutto di fantasia. Infatti, la prima volta che venne proposto negli anni Ottanta (sulle pagine di un grande quotidiano nazionale), si diceva che il soldato, di ritorno dalla prigionia, avrebbe consegnato i piani dell'arma segreta ad un giovane concittadino di Chiari (BS). Questo accadeva nel 1945 e il giovane di cui si parlava sarebbe stato appunto Rolando Pelizza. Peccato, però, che Pelizza sia nato il 26 febbraio del 1938, per cui nel 1945 aveva sette anni. Il soldato, dunque, avrebbe consegnato i famosi piani ad un bimbo di sette anni? Sarebbe bastato un piccolo controllo per evitare uno svarione di questo genere, ma chi per primo mise in circolazione questa storia, non verificò i dettagli. La domanda è: perché è stata cambiata la versione originale del film? Lo ha chiesto qualcuno o è stata un'idea degli autori? Di certo, qualunque sia stata la ragione, quella che viene proposta adesso in vendita al pubblico non è più l'integra versione originale del documentario, mandata in onda dalla RSI alle 23,20 di lunedì 18 agosto 2014. Il perché questo sia potuto accadere, viene lasciato alla nostra immaginazione.

RDS

TORNA SUGLI SCHERMI SVIZZERI IL FILM DOCUMENTARIO "LA MACCHINA VENUTA DAL FUTURO"

7 Agosto 2017 – La Radiotelevisione Svizzera (RSI) ha deciso di riproporre la visione del film documentario "La macchina venuta dal futuro" del regista Victor Tognola, titolare della Frama Film International. Si tratta del film ispirato alla mia inchiesta giornalistica sul caso Majorana-Pelizza, trasmesso per la prima volta nell'agosto 2014. Questa volta la programmazione è prevista alle ore 23,20 di Lunedì 14 Agosto 2017 sul canale LA1. Secondo le leggi svizzere, la visione è riservata soltanto al territorio elvetico. Quella che segue è la presentazione del film nel sito della RSI.

Lunedì 14/08/17 23:20

L'energia pulita tanto auspicata per salvare il nostro pianeta forse esiste già da un pezzo, ma qualcuno la tiene nascosta per inconfessabili interessi economici. Ma non solo. Negli anni Settanta, infatti, un gruppo di scienziati italiani ne avrebbe scoperto il segreto, ma questa nuova e stupefacente tecnologia, che di fatto cambierebbe l'economia mondiale archiviando per sempre i rischi del petrolio e del nucleare, sarebbe stata volutamente occultata nella cassaforte di una misteriosa fondazione religiosa con sede nel Liechtenstein.

Sembra la trama di un giallo internazionale l'incredibile storia che si nasconde dietro quella che, senza alcun dubbio, si potrebbe definire la scoperta epocale per eccellenza, e cioè la produzione di energia pulita.

Ma chi è il genio dietro a questa macchina del futuro? Perché la vita della persona che custodisce

questo segreto è minacciata? Forse
siamo di fronte a una scoperta
troppo precorritrice per il nostro
tempo?
Il regista Victor J. Tognola si
avventura alla ricerca di risposte,
alcune saranno rivelatrici, altre,
invece, resteranno sospese,
lasciando il dubbio tra la realtà e
l'immaginazione.

Documentario di Victor J. Tognola
Produzione: Frama Film SA, RSI
Radiotelevisione svizzera
81'/ CH 2014

Fonte: *RSI.ch/g/9389644*

Per chi riuscisse a vederlo, buona visione.

RDS

51 Majorana anziano in convento: ecco le foto delle nuove prove

Una perizia calligrafica e una antropometrica confermano che la scrittura e i tratti somatici dell'uomo delle immagini sono gli stessi dello scienziato scomparso nel '38

di *Rino Di Stefano*

C'è una svolta nel caso Majorana. Nuove prove, emerse proprio negli ultimi giorni dell'anno scorso, confermano che lo scienziato, scomparso nel nulla il 27 marzo del 1938, in effetti si sarebbe davvero rifugiato in un convento del Sud Italia, dove avrebbe poi concluso i suoi giorni ormai centenario. Il condizionale, usato per scrupolo di cronaca, potrebbe anche essere evitato, visto che le prove di cui parliamo sono state sottoposte a perizie legali che ne hanno accertato l'autenticità, al di là di ogni ragionevole dubbio. Si tratta di sei fotografie (quattro in bianco e nero e due a colori) scattate il 5 agosto, giorno del compleanno di

Ettore Majorana nato nel 1906, negli anni 1976, 1986 e 1996. Nelle prime quattro immagini si vede un uomo ormai maturo, in gilè o in maniche di camicia, che guarda con serietà l'obiettivo della macchina che lo sta riprendendo. Dà l'impressione che voglia dire, quasi con una certa ironia: "Eccomi qua, sono ancora vivo". E in ogni foto è scritta la data sul retro. Nell'ultima, invece, c'è anche una dedica. L'intestazione riporta il luogo e la data: Italia, 5 agosto 1996. Quello di scrivere "Italia" per indicare la località in cui è stata fatta la foto, è un mezzo che viene usato abitualmente dall'estensore della scritta, per proteggere l'identità del posto in cui è stato ospitato. Lo si ritrova anche nelle lettere, anch'esse periziate e attribuite "sicuramente alla mano del signor Majorana Ettore", ritrovate nel 2015. Il resto della dedica recita: "Al mio antico allievo, in attesa della quarta fase, affettuosamente Ettore". Nella foto, infatti, accanto ad un anziano Majorana in giacca e cravatta, che comunque dimostra inspiegabilmente molto meno dei 90 anni che la data gli attribuisce, si trova un altro uomo, anche lui vestito in modo distinto: Rolando Pelizza. E' lui l'allievo di cui parla la dedica. E cioè l'uomo, oggi sulla soglia dei 79 anni, che da decenni sostiene di portare avanti l'insegnamento che ha ricevuto dal suo "maestro". Ed è stato sempre lui che, al fine di rendere nota la sua verità, ha affidato queste foto all'esame di periti professionisti per accertarne l'autenticità. Infatti, due sono gli elementi da verificare per provare che le foto siano autentiche: il primo è l'aspetto grafologico, cioè stabilire che la mano che ha scritto quelle parole sia davvero quella di Ettore Majorana; il secondo deve attestare che quelle immagini corrispondano, senza ombra di dubbio, alla persona dello scienziato scomparso. Le foto sono state quindi consegnate alla dottoressa *Chantal Sala*, grafologa specializzata in ambito peritale giudiziario, di Pavia, e all'ingegner *Michele Vitiello*, titolare dello Studio Ingegneria Informatica Forense di Brescia, esperto di fama internazionale nella tecnica fotografica di comparazione dei volti. Sia la dottoressa Sala che l'ingegner Vitiello, pereffettuare i loro esami, hanno ricevuto scritti e fotografie in originale di Majorana, da parte del professor Erasmo Recami, ordinario di Fisica nucleare presso l'Università di Bergamo e biografo ufficiale dello scienziato scomparso.

La perizia grafologica della dottoressa Sala è stata consegnata a Pelizza il 9 dicembre del 2016. Consiste di 15 pagine di analisi e di verifiche comparate, per analizzare le 15 parole della dedica, articolate in 7 righe. Come scrive lei stessa, ha ricevuto il mandato in data 14 novembre 2016 e, nello svolgere il suo lavoro, ha notato che "La scrittura di Majorana ha mantenuto caratteristiche quasi identiche anche a distanza di 60 anni. Ma la scrittura ha avuto un netto peggioramento". Passando nel dettaglio, "la scrittura si è ingrandita molto (segno che probabilmente la vista del Majorana era peggiorata); il movimento è decisamente rallentato, lo denotano le mancanze di filiformità e i gesti sfuggenti che sono presenti invece nelle comparative; la vita del Majorana passata in ritiro immerso nello studio non ha permesso alla scrittura di evolvere, come ci si aspetterebbe, ed ha mantenuto costanti gli insegnamenti imposti all'epoca della scomparsa (come ad esempio la rigidità di impostazione, la forma calligrafica); perdita del tono del tratto; angolosità accentuate; continuità lacerata da tantissimi stacchi, saldature e riprese; sono presenti molti segni di 'vecchiaia' nella scrittura: torsioni, esitazioni, tremori". Insomma, la dedica dietro la foto è stata scritta davvero dalla mano di un uomo molto avanti nell'età. Sintetizzando poi tutto lo studio effettuato, la dottoressa Sala giunge infine alla conclusione che la dedica "datata 5 agosto 1996, sul retro di una fotografia firmata 'Ettore', è sicuramente stata vergata dalla mano del signor Majorana Ettore". Dunque, sarebbe stato proprio lui l'autore di quella dedica. Restava da stabilire se la persona ritratta nelle foto fosse davvero la stessa di cui conserviamo le immagini giovanili. Premesso che l'ingegner Vitiello è perito del giudice e consulente della Procura della Repubblica (ha collaborato in più occasioni con i carabinieri del RIS di Parma), l'impegno che ha messo nell'elaborare la sua relazione tecnica fotografica è stato oggettivamente consistente. "Ho preso a cuore questo incarico quando mi sono reso conto dell'importanza che aveva. – afferma – Ho quindi analizzato punto per punto tutti gli aspetti delle foto, giungendo ad una conclusione di cui sono fermamente convinto". Nel suo studio, Vitiello ha chiamato Reperto A le immagini originali fornite dal professor Recami; Reperto B quelle che gli sono state consegnate da Pelizza. Per quanto riguarda il riconoscimento dei volti, l'ingegner Vitiello spiega che "il confronto del volto di due soggetti, al fine di asserirne l'eventuale identità, si basa sulla definizione di parametri discriminatori che possono essere sia fisionomici sia metrici. I primi sono di tipo qualitativo e si basano su codifiche per rendere meno soggettiva l'interpretazione, i secondi invece sono quantitativi e generano quindi valori numerici: entrambi vengono studiati dalle scienze antropometriche".

Senza addentrarsi troppo nel dettaglio scientifico, il perito studia la radice del naso; il punto situato al di sopra della radice del naso, dove la cute è in genere priva di peluria; il punto più sporgente della punta del naso; il margine inferiore del ramo della mandibola; la sporgenza inferiore del mento; il punto più alto del cranio; il punto più sporgente dello zigomo e tante altre cose ancora. Ad esempio, si studiano gli indici: cefalico orizzontale, facciale, nasale, auricolare e gli angoli facciali. A questo proposito una struttura anatomica di notevole valore discriminatorio è il padiglione auricolare, cioè l'orecchio. Infatti si parla di impronta auricolare, che comprende ben 16 punti da analizzare. In tutto, sono stati analizzati 672 punti. Decisiva anche la genuinità delle foto fornite da Pelizza. L'ingegner Vitiello afferma infatti che non sono emersi segni di manipolazione o contraffazione, strategie di fotomontaggio o copia e incolla. Ebbene, in tutti i test effettuati è venuto fuori che "i volti del soggetto noto contenuti nel Reperto A e i volti del soggetto non noto contenuti nel Reperto B siano attribuibili allo stesso soggetto, identificabili nella persona del signor Ettore Majorana". Le conclusioni occupano le ultime tre pagine della perizia e il testo si conclude con le seguenti parole: "Pertanto, a mio giudizio, è possibile stabilire che i volti presenti nei reperti fotografici analizzati possono essere ricondotti inequivocabilmente, per un significativo superamento dei valori di soglia di coincidenza, tutti allo stesso soggetto ed in questo caso al soggetto noto riconosciuto nella persona del signor Ettore Majorana". La perizia è stata consegnata il 16 dicembre 2016.

A questo punto, considerando che stiamo parlando di perizie che potrebbero essere utilizzate in qualsiasi procedimento giudiziario, si può affermare con ragionevole certezza che nel

1938 Ettore Majorana si sia volutamente nascosto in un convento di clausura del Sud Italia, che abbia conosciuto Rolando Pelizza e che a lui abbia consegnato i documenti che stanno venendo fuori in questi ultimi anni.

C'è ancora un elemento da chiarire. Nella dedica sulla foto, si parla di una misteriosa "quarta fase". Di che cosa si tratta? Secondo la testimonianza di Pelizza, Majorana gli avrebbe insegnato a costruire una misteriosa macchina in grado di effettuare operazioni molto particolari. Nella lettera attribuita a Majorana, datata Italia 26-2-1964 (periziata come autentica dalla dottoressa Sala il 28 gennaio 2015) e inviata a Rolando Pelizza, si legge:

"Come ben sai, la macchina ti permetterà di realizzare le prime quattro fasi:

1 fase: annichilimento controllato della materia

2 fase: rallentamento dello spin della materia per far sì che si surriscaldi

3 fase: trasmutazione della materia

4 fase: traslazione della materia".

Pelizza non vuole fornire ulteriori dettagli a questo riguardo, per cui non resta che la spiegazione letterale del termine "traslazione", cioè trasferire da un luogo ad un altro. Tuttavia, egli continua a sostenere che, prima di concludere la sua avventura terrena, vorrebbe cedere gratuitamente la sua macchina (segreti compresi) allo Stato, affinché ne faccia buon uso per fini civili e pacifici.

"L'ho promesso al mio maestro e vorrei poterlo fare, se solo me lo consentissero", afferma.

Per quanto concerne la fine di Majorana, egli sostiene che il suo ultimo contatto con il grande scienziato risale al 2006, quando l'illustre ospite del convento sarebbe stato alla soglia dei cent'anni. Presume, quindi, che sia morto in quel periodo. Non vuole dire, invece, il nome di quel convento. Secondo la vox populi, si tratterebbe comunque dell'Eremo di Serra San Bruno, sulla Sila calabrese. Per due volte, in anni recenti, è stato visitato da due Papi: Giovanni Paolo II nel 1984 e Benedetto XVI nel 2011. Il primo ebbe l'ardire di affermare, durante il suo discorso, che quel posto aveva avuto l'onore di ospitare il genio di Ettore Majorana, ma i frati lo smentirono subito. Così come continuano ancora oggi a smentire la presenza di Majorana tra le loro mura.

Resta, però, un'ultima domanda: perché queste foto sono saltate fuori solo adesso? "Secondo le disposizioni che avevo ricevuto, potevo rendere nota questa verità soltanto dieci anni dopo la sua morte. – risponde – E ormai il 2016 è passato. Credo di aver rispettato la promessa fatta".

MAJORANA TROPPO "GIOVANE"?

IL PARERE DEL GERONTOLOGO

L'aspetto più stupefacente della foto del 5 agosto 1996 è l'età apparente del presunto Majorana. Nulla fa pensare che ci troviamo di fronte ad un novantenne. Accanto all'uomo, sulla destra, Rolando Pelizza, con i suoi 58 anni, sembra molto più anziano di lui. E' dunque possibile che l'individuo rappresentato in questa immagine abbia realmente novant'anni? C'è una spiegazione possibile a questo strano fenomeno?

"Scientificamente parlando, è impossibile dirlo – spiega il dottor Claudio Castoldi, specialista in gerontologia e geriatria, di Milano – E' un fatto che ci siano persone in cui l'età biologica non coincide con l'età del fenotipo. Cioè di come uno appare. Questi casi si riscontrano clinicamente, non c'è una regola precisa. C'è poi da considerare l'aspetto fotografico, ingannevole per definizione. In una fotografia non si nota tutta una serie di aspetti che può vedere solo il medico. E intendo dire la valutazione funzionale di alcuni fattori neurologici che nel tempo indicano una fisiopatologia, cioè una via di mezzo tra le situazioni fisiologiche e quelle patologiche. Ci sono alcune persone che non rientrano in queste fisiopatologie. Cioè alcuni individui che sono fisiologicamente perfetti. Intendo dire che in una fotografia non si vede se uno trema. Certamente, una persona novantenne che ne dimostri sessanta mi sembra uno iato molto rilevante. Comunque sappiamo tutti, con il normale buon senso, che alcune persone dimostrano veramente anni di meno. Trent'anni mi sembrano un po' tanti, ma forse le differenze si vedono più di persona che non in una foto".

NOTA DELL'AUTORE

Questo è un articolo che non potrebbe essere pubblicato su un qualunque quotidiano, in quanto, usando un termine giornalistico, sarebbe considerato "troppo controverso". Controverso nei contenuti e controverso anche nelle foto, che mostrano un presunto Majorana notevolmente più giovane dell'età anagrafica che viene denunciata dalla data delle stesse foto. Questa, però, è la realtà dei fatti. Cioè una verità che non può essere nascosta o artefatta dietro artifizi di alcun genere. Il lettore potrà trovare anche i testi originali delle perizie effettuate: la prima, grafologica, sulla dedica della foto del 1996; la seconda è antropometrica sulla stessa immagine. Ed entrambe sono opera di periti specializzati in ambito forense. Il risultato al quale le perizie giungono è univoco: la persona che ha scritto quella dedica ed è ritratta nella foto è Ettore Majorana. Basterà questo a chiarire la situazione? Temo di no. Ci sarà sempre colui che non ci crederà, o non ci vorrà credere. Il mondo gira sempre in questo senso. Da parte mia, ho la coscienza a posto di chi ha reso pubblica una realtà controversa, quanto può esserlo la verità stessa. In questi casi, si può soltanto prenderne atto. Crederci o non crederci, diventa un inutile esercizio mentale che favorirà, all'infinito, una lunga ed estenuante polemica.

RDS

52 La CIA raccoglieva studi di Ettore Majorana fin dagli anni Cinquanta

I documenti ritrovati tra quelli declassificati nel Gennaio 2017

di *Rino Di Stefano*

(*RinoDiStefano.com*, Giovedì 1 Giugno 2017)

La CIA sin dagli anni Cinquanta aveva cominciato a seguire gli studi di Ettore Majorana, acquisendo suoi dossier scientifici risalenti ai primi anni Trenta. La notizia, che fino ad ora era stata ignorata dai maggiori studiosi dello scienziato scomparso, scaturisce dalla massa di documenti declassificati il 3 Gennaio 2017 dalla CIA Library, l'esclusiva biblioteca disponibile soltanto per i dipendenti della CIA, in seguito alla Freedom of Information Act, la legge degli Stati Uniti che di tanto in tanto rende pubblici documenti riservati vietati al pubblico. Il primo dossier di Ettore Majorana classificato dalla

CIA risale al 1932 e si intitola "Atomi orientati in un campo magnetico variabile", uno studio pubblicato sulla rivista italiana Nuovo Cimento, Volume IX, tra pag. 43 e pag. 50. Questo documento, indicato con la sigla AEC 1074 e qualificato Scientifico-Fisico, è del Dicembre 1951, ed è stato rilasciato lunedì 30 giugno 2003, con la matricola CIA-RDP91-00929R000100170014-8. Sia questo documento che gli altri, sono stati poi resi pubblici nel gennaio scorso.

Tenendo presente che lo scienziato siciliano è scomparso nel nulla il 27 marzo del 1938, a 31 anni, vuol dire che questo studio è stato uno dei suoi primi lavori giovanili, in quanto nel 1932 Majorana aveva 26 anni. Nonostante la giovane età, evidentemente la CIA ha ritenuto che anche questo documento fosse importante.

Il secondo studio di Majorana classificato dai servizi segreti americani è la "Teoria simmetrica dell'elettrone e del positrone", di 23 pagine, pubblicato sempre dalla rivista Nuovo Cimento, Volume XIV, nel 1937, illustrato alle pagine 171-184. In questo caso la sigla è SLA Tr 2455, il foglio è qualificato Scientifico-Fisico Nucleare, e risale all'Agosto del 1957. Il documento è stato approvato per il rilascio alla stessa data e con lo stesso numero di matricola del precedente.

Tuttavia, il dossier più importante relativo a Ettore Majorana è un estratto scientifico che è stato autorizzato per la declassificazione mercoledì 21

Giugno 2000, ancora prima degli altri due, con la matricola CIA-RDP86-00513R001238. Il documento originale venne acquisito dalla CIA l'8 Aprile 1964 e il titolo è "Il Monopolo quale parte delle forze di Majorana e la quadruplicazione del nucleo nei nuclei leggeri". A parte la difficile comprensione da parte di chi scienziato non è, è interessante notare che questo documento faceva parte della Tredicesima Conferenza Annuale di Spettrografia Nucleare tenuta a Kiev, nella Russia di allora, tenuta dal 25 Gennaio al 2 Febbraio 1964. La fonte dell'informazione era il Bollettino dell'Accademia Russa delle Scienze: Fisica, volume 28, numero 2, 1964, pagine 326-336. Tanto per capire di che cosa si parla nel complicatissimo testo, basti pensare che le parole chiave sono: quadruplicazione del nucleo, *cluster* (aggregazione di mini particelle multiatomiche), *shell model* (a grandi linee è un modello concettuale di fattori umani inerenti la relazione tra il sistema delle risorse ambientali dell'aviazione e la componente umana nel sistema dell'aviazione stessa), le forze di Majorana, il monopolo di Majorana, i nuclei leggeri, l'accoppiamento di nuclei, la *decay energy* (l'energia rilasciata dal decadimento della radioattività), il polonio. Gli autori di questo saggio scientifico sono Neudachin, Orlin e Smirnov. Ripeto: anche tradotto in italiano, il testo risulterebbe comunque incomprensibile per chi non abbia una buona e approfondita conoscenza della fisica. Tuttavia, gli scienziati russi che scrissero quel documento partirono dall'assunto che "nei nuclei leggeri le forze di Majorana sono largamente responsabili per lo specifico effetto di quadruplicare l'aggregazione di mini particelle multiatomiche".

Al di là del significato scientifico di questa affermazione, c'è qualcosa che accomuna questo vecchio documento con la realtà odierna. Infatti, ai giorni nostri (a detta di eminenti studiosi della figura di Majorana) non risultava che esistesse un monopolo di Majorana, né che lo scienziato siciliano ne avesse mai studiato i particolari scientifici. All'estero, invece, se ne parla dal 1965. Così, mentre in Italia si pensava che Majorana si fosse occupato molto poco di questo ambito scientifico, russi e americani sapevano nel dettaglio degli studi fatti dallo scienziato siciliano. Forse, come dice il professor Erasmo Recami, professore emerito di Fisica Nucleare all'Università di Bergamo ed autore dell'eccellente libro "Il caso Majorana", il problema nasce dalla scomparsa di un dossier sul monopolo magnetico preparato dallo stesso Majorana nel 1937. Se ne conosceva l'esistenza, ma subito dopo era sparito. Evidentemente, qualcuno se ne era impossessato. L'unico riferimento certo al monopolo viene da Luciano Majorana, ingegnere e fratello di Ettore, che volle depositare presso il notaio Barbagallo di

Catania una testimonianza scritta nella quale affermava di aver sentito suo fratello parlare apertamente del monopolo magnetico. Non solo. Ai giorni nostri, un docente universitario di Fisica nucleare (del quale non ho l'autorizzazione a riportarne il nome), sostiene che, in linea puramente teorica, la tecnologia della famosa macchina ritenuta in grado di annichilire la materia trasformandola in energia (macchina, per inciso, della quale viene attribuita l'invenzione allo stesso Majorana), potrebbe avere una spiegazione scientifica razionale. Ebbene, secondo questo professore, se la macchina, per qualche ragione scientifica a noi sconosciuta, riuscisse a ricreare al suo interno il monopolo magnetico (concetto inverosimile per la fisica moderna), allora sarebbe davvero in grado di produrre quell'enorme quantità di energia di cui sarebbe capace. Ovviamente, nulla potrebbe essere detto e provato fintanto che il misterioso apparecchio non venisse eventualmente sottoposto all'esame di una commissione scientifica a livello accademico.

Tra l'altro, c'è da dire che la CIA non si interessava solo di Ettore Majorana, ma anche di suo zio Quirino, anche lui noto fisico accademico, per quanto non famoso come l'illustre nipote. Infatti, tra l'incartamento declassificato troviamo anche lo studio "Nuova ricerca sul magneto-ottico" di Quirino Majorana, ricavata dalla rivista Nuovo Cimento, Volume 1, Aprile 1943, pagine 120-125.

Il documento è stato immatricolato con la sigla SLA Tr 57-1189, viene definito Scientifico-Fisico, e risale al Settembre 1957. La data e il numero di approvazione per il rilascio è identico a quelli del nipote, per cui se ne deduce che faceva parte della stessa serie.

Comunque, come un po' tutto in questa storia dal vago sapore fantascientifico, le apparenze non sono quelle che sembrano. Non è detto, infatti, che da qualche parte non ci sia già qualcuno in procinto di studiare la macchina e trarne le relative conseguenze. Forse proprio in questi mesi potrebbe completarsi l'iter iniziato nel lontano 1976, con l'interesse del professor Ezio Clementel, allora presidente del Comitato Nazionale per l'Energia Nucleare (CNEN) e ordinario di Fisica all'Università di Bologna. Clementel venne incaricato da Giulio Andreotti, allora Presidente del Consiglio, di seguire il caso della macchina. Resta soltanto l'unica grande incognita di un sempre possibile intervento di una qualche "forza estranea" che, ancora una volta, potrebbe mettere tutto a tacere. Chi vivrà vedrà…

53 Pubblicato un saggio divulgativo in italiano e inglese

Il mistero Pelizza-Majorana svelato al mondo accademico in un congresso scientifico internazionale in California

Gli studiosi Franco Alessandrini, ingegnere e docente universitario, e Roberta Rio, storica austriaca, hanno partecipato al convegno "Scienza e Coscienza" dal 5 al 10 Giugno 2017 a San Diego, con la relazione "La Fisica del Terzo

Millennio, Il ponte tra la scienza e l'Oltre". Rivelati i segreti della macchina "che annichilisce la materia, produce energia, trasmuta i metalli e trasferisce cose e esseri viventi in altre dimensioni"

di *Rino Di Stefano*

(*RinoDiStefano.com*, Sabato 1 Luglio 2017)

Il mondo accademico internazionale comincia a porsi domande sull'incredibile storia di Rolando Pelizza circa la vita e le scoperte scientifiche di Ettore Majorana, dopo la sua scomparsa nel 1938. A esporre pubblicamente quella che è stata definita la *Fisica del Terzo Millennio*, sono stati Francesco Alessandrini, ingegnere civile e docente di materie geotecniche presso l'Università di Udine, e Roberta Rio, storica austriaca di origini italiane, specializzata in Paleografia, Archivistica e Diplomatica, nonché membro dell'Associazione degli Storici della Germania. La presentazione pubblica della storia Pelizza-Majorana è avvenuta durante il convegno mondiale "*The science of consciousness*" (La scienza della coscienza), svoltosi a San Diego, in California, dal 5 al 10 giugno 2017. La relazione "Third Millennium Physics – The bridge between science and the Beyond" (La Fisica del terzo Millennio – Il ponte tra la scienza e l'Oltre) è stata presentata nel pomeriggio di giovedì 7 giugno nell'ambito della sessione C15 "Consciousness and Models of Reality" (Coscienza e Modelli della Realtà) direttamente dall'ingegner Alessandrini. In contemporanea con questo evento, in Italia e nel mondo usciva in autopubblicazione (Ilmiolibro self publishing) un volume in due versioni: "La macchina – Il ponte tra la scienza e l'Oltre" nell'edizione italiana, e "The Machine – The bridge between science and the Beyond", nell'edizione inglese, sempre degli autori Roberta Rio e Francesco Alessandrini.

Ma cosa c'è di tanto inusuale nella presentazione della relazione al convegno scientifico mondiale di San Diego e nella pubblicazione di quel volume? La risposta è semplice: per la prima volta due studiosi accademici italiani hanno parlato in un contesto internazionale della storia di Rolando Pelizza e della famosa macchina, attribuita a Ettore Majorana, in grado di annichilire la materia trasformandola in energia pura, e non solo. Tra l'altro, questa relazione, sempre in inglese, è stata pubblicata sul sito scientifico mondiale *ACADEMIA.EDU*, che conta 53.084.680 accademici iscritti in tutto il mondo. Basterebbe questo numero per rendersi conto di quale sia stata la divulgazione della notizia a livello internazionale. L'evento, inoltre, è rilevante anche perché in Italia, nonostante la documentazione, le foto, le perizie e le prove inerenti l'esistenza e l'operatività della famosa macchina, la scienza ufficiale ignora volutamente la storia di Rolando Pelizza e non prende in alcuna considerazione l'ipotesi che, effettivamente, Ettore Majorana potrebbe davvero essersi nascosto in un convento di clausura quel 27 marzo del lontano 1938, appena sbarcato nel porto di Napoli dal traghetto Tirrenia proveniente da Palermo. Così come, vent'anni dopo, nel 1958, potrebbe aver conosciuto casualmente un giovane bresciano, rispondente al nome di Rolando Pelizza, e potrebbe averlo fatto diventare il suo discepolo insegnandogli le nozioni di una nuova e rivoluzionaria fisica. Quella stessa fisica che negli anni Settanta sarebbe poi diventata una macchina in grado di compiere operazioni che, alla luce di quanto sappiamo fino ad oggi, non può che apparire assolutamente fantascientifica. Il condizionale è d'obbligo, ovviamente, non essendoci alcun atto ufficiale o giudiziario che certifichi tale presunta realtà. Ma è pur vero che esiste una tale valanga di prove e indizi da far nascere il ragionevole dubbio che, se questa storia non è stata ancora ufficialmente indagata, forse è perché qualcuno non vuole che si conosca. Ma limitiamoci a prendere atto di quanto è accaduto e vediamo che cosa c'è scritto nella relazione presentata a San Diego. Con una premessa: quel documento altro non è che la sintesi di quanto c'è scritto nel libro del duo Rio-Alessandrini. Il volume, in pratica, costituisce un ulteriore approfondimento del messaggio che i due autori hanno voluto lanciare al mondo, cogliendo l'occasione del convegno scientifico californiano.

Già dal titolo, La Fisica del Terzo Millennio, si capisce che la relazione presenta un contenuto alternativo rispetto alla realtà attuale. E la premessa non è sbagliata, visto che fin dalla sinossi, viene spiegato che *"La mente illuminata di Ettore Majorana, dal silenzio di un convento in cui si è volontariamente rinchiuso per decenni, ha prodotto una nuova matematica e una nuova fisica che alimentano un salto epocale nella conoscenza umana.*

Qui si richiamano la sua teoria e alcuni aspetti salienti della costruzione di una macchina, realizzata da Rolando Pelizza, che ha dimostrato quanto esatte e reali fossero le ipotesi di Ettore.

Il mondo ha ora nuove grandiose possibilità: può annichilire la materia, può produrre energia infinita a costo zero, può trasmutare la materia e può spostarsi in altre dimensioni.

Ma questa conoscenza, da noi definita la Fisica del Terzo Millennio, non sarà subito disponibile all'umanità … è prima necessario un percorso di graduale presa di coscienza e di cambiamento degli atteggiamenti umani.".

E' così, con questa presentazione che sposa in pieno la storia di Rolando Pelizza e il suo racconto su Ettore Majorana, che Rio e Alessandrini preparano il lettore a quanto di sconvolgente stanno per dire.

Secondo i due autori, la grande innovazione portata dalla scienza di Majorana consiste nell'interpretazione delle leggi della materia attraverso un nuovo modo di concepirle. *"Ma, soprattutto, è una fisica che 'fa pace' tra Scienza e Spiritualità, riuscendo a colmare quell'enorme iato che l'uomo moderno, piuttosto scioccamente, ha aperto fra i due principali modi di percepire la realtà. La Scienza ha finalmente accesso alla comprensione di ciò che sta Oltre quel che è avvezza a considerare come mondo fisico, per penetrare un ambito dove è posizionato il vero 'centro decisionale e organizzatore' della vita nella Materia".*

Questo posto, aggiungono gli autori, avrebbe poco a che fare con la dimensione fisica alla quale siamo abituati, in quanto sarebbe sempre stato nascosto al nostro mondo puramente razionale. Ma che cosa avrebbe scoperto, di preciso, Majorana? *"Una conoscenza grandiosa e nel contempo infinitamente semplice* – risponde Pelizza – *Oggi stiamo spendendo somme enormi di denaro negli acceleratori di particelle e nelle ricerche sulla fusione nucleare, tutti tentativi che cercano di violentare l'atomo per estrargli in modo estremamente forzato la grande energia che gli è stata racchiusa dentro".*

A quanto pare, invece, la fisica di Majorana

seguirebbe il cammino della comprensione e della non violenza, per dirla alla maniera di Gandhi. *"Ettore è entrato in contatto con 'l'intimità' della Materia – si legge nel documento – e a questo livello di 'rapporto', la Materia, se adeguatamente e pacatamente assecondata, è in grado di dare tutta sé stessa".*

Entrando nel dettaglio scientifico, Rio e Alessandrini illustrano ciò che, anche allo stato attuale delle cose, si conosce circa il pensiero del grande scienziato scomparso. *"Le conoscenze principali di Ettore – viene spiegato – sono riconducibili alla 'Teoria Generale degli Esponenti' in cui si percepisce che 'tutte le leggi della natura sono simmetriche rispetto ai due versi del tempo e che tutti i fenomeni dell'universo sono costituiti da onde sferiche le quali, per detta simmetria, possono essere non solo divergenti – fenomeni 'entropici' – come quelle comunemente osservate, ma anche 'convergenti' – fenomeni 'sintropici'. In pratica si riconosce che il mondo non funziona solamente in maniera entropica, ovvero solo con un accrescimento del disordine come asserito dal secondo principio della termodinamica, ma anche in maniera sintropica, ovvero con un accrescimento dell'ordine. La sintropia viene introdotta non come ipotesi arbitraria, ma come conseguenza logica necessaria alla struttura quantistica (meccanica quantistica) e relativistica (relatività Einsteiniana) dell'universo. A valle di questo, casualità e finalità vengono portate sullo stesso piano logico, 'come sono due le soluzioni di un'equazione di secondo grado' ".*

Tutto questo, secondo l'esposizione di Rio e Alessandrini, porterebbe ad un nuovo modo, completamente diverso rispetto a quello attuale, di vedere la scienza e la realtà. *"Ettore – sostengono – perviene alla formulazione di una teoria unitaria dove vengono riuniti i fenomeni fisici e biologici, introducendo nella scienza esatta il finalismo. Nella teoria assume un particolare rilievo un diverso approccio matematico rispetto a quelli classici. Si comprende che l'ordine matematico naturale non è quello sostenuto dalla base decimale elaborata dall'uomo, ma sottostà ad altre basi, come per esempio, in alcuni casi, a quella del funzionamento atomico a base otto (sistema numerico ottale)".*

Senza voler andare troppo nello specifico, la relazione racconta che, sempre secondo il presunto pensiero di Majorana, subito dopo la creazione dell'universo ci fossero undici dimensioni e nel momento del Big Bang sette dimensioni spaziali si sarebbero "arrotolate", lasciandone "estese ed esplicite" le quattro che conosciamo: tre spaziali e una temporale. Tuttavia, *"le sette dimensioni nascoste hanno un'influenza assolutamente fondamentale sul funzionamento delle altre quattro distese. Se non si considerano e conoscono queste dimensioni nascoste, il funzionamento delle altre 4 diventa solo parzialmente e impropriamente conoscibile"*. Insomma, Majorana sarebbe riuscito a comprendere, per via matematica, la presenza di questa realtà occultata alla nostra vista. Messa in altri termini: *"La teoria di Ettore studia un sottoinsieme del Creato ed è in grado di portare una conoscenza 'scientifica' completa su ciò che presenta una qualche 'dimensione', ovvero ciò che indichiamo come Materia + Oltre Materia (11 dimensioni)"*.

La conclusione dialettica è che *"Tutta questa conoscenza è stata raggiunta, dunque, perché alla base del nostro Creato c'è una struttura geometrica e, dunque, matematica!"*.

Il fatto eclatante è che questa "teoria fantastica" assume incredibili connotazioni reali quando diventa "teoria convalidata dalla sperimentazione", grazie alla famosa macchina che Rolando Pelizza avrebbe costruito sotto la guida dello stesso Majorana.

Una piccola parentesi prima di continuare nell'esposizione della relazione scientifica che ormai ha fatto il giro del mondo: che la macchina di cui si parla sia stata un fatto reale e concreto tra gli anni Settanta e Ottanta, non c'è dubbio alcuno. Così come è altrettanto certo che nella storia di questa apparecchiatura siano stati coinvolti, a più riprese, i governi italiano, americano e belga. Esiste una tale documentazione a questo riguardo da non lasciare incertezze di sorta su come si svolsero effettivamente i fatti in quell'epoca. Il problema riguarda il presente: nessuno, infatti, ha la più pallida idea se quella macchina esista ancora, eventualmente dove sia nascosta e, nel caso, quali sarebbero gli eventuali interessi che girerebbero attorno ad essa. Detto questo, vediamo come funzionerebbe l'incredibile macchina, anche perché questa è la prima volta che una spiegazione completa viene proposta al mondo accademico e al grande pubblico. Cominciamo col dire che la macchina sarebbe in grado di operare su sei fasi diverse, ma fino ad oggi ne sarebbero state completate solo le prime quattro. La prima prevede l'eliminazione controllata della materia: *"La macchina di Rolando riesce a liberare in forma organizzata dell'antimateria. Essa 'proietta' atomi uguali e contrari a quelli della materia in esame, 'cancellandola' ovvero annichilendola. Rolando riesce a provocare un'annichilazione selettiva, e cioè può decidere quale materiale annullare, anche selezionandolo tra diversi adiacenti o sovrapposti. Inoltre le antiparticelle si possono mescolare, in modo da annichilire oggetti costituiti da materiali diversi"*.

Considerando che chi volesse può trovare nel mio sito i link per vedere i video della macchina in funzione nel 1976, non ci vuole molta immaginazione per comprendere che un simile meccanismo, se fosse utilizzato per fini bellici, potrebbe essere definito l'arma perfetta.

Vediamo adesso la seconda fase, cioè la produzione di energia. *"La macchina di Rolando – è spiegato – in questa fase viene predisposta per rallentare lo spin delle particelle costituenti il materiale in esame. Tale rallentamento induce nella materia una sorta di attrito 'interno', un po' come succede quando il freno rallenta la ruota della vostra bicicletta, il cui effetto evidente è un riscaldamento. Calibrando bene il rallentamento si può portare la materia trattata a una temperatura inferiore a quella che la farebbe sciogliere, diciamo dell'ordine del 40% di quella di fusione o di ebollizione. Questo in modo da stare sufficientemente lontani dalla fusione stessa che corrisponde, di fatto, alla sparizione della materia. La particolarità è che si può così disporre di un corpo caldo, sempre alla stessa temperatura – le oscillazioni misurate sono minime – che non si riscalda ulteriormente, anche se il calore non viene assorbito dall'esterno.*

Se il calore, viceversa, viene assorbito – per esempio con un sistema di circolazione d'acqua attorno al materiale riscaldato –, il corpo continua a rimanere alla stessa temperatura mentre si ha a disposizione dell'acqua calda a qualche centinaio di gradi per produrre energia. Ve la immaginate un'energia infinita, senza consumo di materia prima, a un costo praticamente zero!?".

Ci pensate a quanti potrebbero essere interessati

a utilizzare questa fase? Ma siamo ancora lontani dal restare a bocca aperta per la sorpresa. Passiamo alla terza fase: la trasmutazione. In altre parole, trasformare un materiale in un altro, cambiandone il numero degli elettroni. Rio e Alessandrini sono molto chiari nella descrizione: *"In questa fase, giunta a un livello di completa messa a punto già nel 1992, si può prendere un volume di materia, diciamo un blocco di polistirolo e trasformarlo in un blocco di oro, conservandone volume e forma. Qui lasciamo a voi immaginare cosa potrebbe rendere possibile questa fase; vi assicuriamo solo che questa possibilità può portare alla soluzione di molti dei problemi in cui il mondo si sta dibattendo attualmente. Siccome sappiamo che quello che stiamo dicendo potrebbe suscitare una certa perplessità, vi mostriamo nella figura 3 una sequenza di fotogrammi, ripresi da una telecamera, in cui si vede la trasmutazione di un blocco di gommapiuma in oro. Tutta la sequenza della trasmutazione che vi mostriamo si sviluppa in 25 centesimi di secondo".*

In questo caso è necessaria una spiegazione supplementare. I fotogrammi di cui parlano i due autori fanno parte di un filmato dell'ottobre 1992 quando Rolando Pelizza, che si trovava in un garage nei pressi di Barcellona, fece una ripresa televisiva di se stesso mentre trasformava in oro decine di cubi di gommapiuma. Il filmato dura 103 minuti, comprende due giorni di riprese, e mostra l'intraprendente bresciano con la sua riserva personale d'oro: 125 cubi del peso di circa 65 chili l'uno. E cioè 8 tonnellate e 125 chili di oro al 100%, una percentuale inesistente in natura. Tanto per avere un ordine di grandezza, nel 2007 l'oro valeva circa 18,35 euro al grammo. Quindi parliamo di quasi 150 milioni di euro dell'epoca. Oggi, invece, l'oro viene valutato circa 35,45 euro al grammo, quindi più o meno 288 milioni di euro. Pelizza avrebbe potuto essere l'uomo più ricco del mondo, con l'andazzo di quella produzione. Ma c'è un però: a quanto racconta egli stesso, pare che si fosse messo d'accordo con non meglio precisati "americani" per cedere quel tesoro, a un "prezzo di favore": il 50% del valore effettivo. La consegna dei cubi avvenne alla fine del giugno 2007, alla presenza di un magistrato donna spagnolo, e venne redatto un verbale. Tutto regolare, quindi, ma quei soldi non vennero mai versati.

Ma non è finita qui. Quel video, da allora, è finito in diverse mani. Si sa per certo che copie del filmato sono finite in Svizzera e in Russia. E chissà in quante altre parti del mondo. Insomma, sono in tanti ormai a sapere che cosa quella macchina sia in grado di fare.

Adesso una copia è anche in mano di Roberto Giacobbo, il noto conduttore di *Voyager* su *RAI2*. Nell'intervista a Pelizza mandata in onda il primo agosto 2016, ha mostrato molto velocemente il fotogramma finale della trasmutazione in oro di un cubo di gommapiuma. Pare che a breve ci sarà un altro programma con una nuova intervista a Pelizza.

Ora veniamo alla parte più sconvolgente, e cioè alla quarta fase: il trasferimento dimensionale. *"Con la macchina – infatti – è possibile trasferire persone e oggetti in altre dimensioni, nel tempo e nello spazio, e eventualmente ritornare al punto di partenza originale. Ciò significa, ad esempio, far scomparire qualcosa dal mondo fisico e portarlo in una dimensione invisibile. Ma significa anche ringiovanire un corpo di dieci, venticinque, trenta o settant'anni, mantenendo intatti l'intero pacchetto di conoscenze e ricordi: in breve, una volta invecchiati, potremmo far tornare i nostri corpi giovanili, mantenendo tutti i ricordi delle nostre esperienze così come la conoscenza di un'intera vita".*

Spiegata con parole semplici, ciò significa che una persona molto anziana potrebbe tornare agli anni della gioventù, mantenendo l'aspetto e lo stato fisico totale del giovanotto di una volta. A questo proposito, leggete quanto c'è scritto nel libro di Rio e Alessandrini a pagina 91: *"Nel monastero dove si trovava Ettore, venne eseguito un primo esperimento conclusivo. Si trattava di ringiovanire un cagnolino, ormai anziano e morente, molto caro ai frati del convento. Essi gli avevano insegnato*

*nel corso della vita a saltare attraverso i cerchi,
cosa assolutamente non innata nell'animale.
Usando la macchina, lo riportarono all'età di circa
un anno. La cosa eccezionale è che, subito dopo
l'esperimento, il cagnolino si mise a saltare
attraverso i cerchi. Questo fatto fece luce su uno
dei dubbi ancora aperti che avevano, ovvero sul
fatto se, nel ringiovanimento del corpo fisico, si
sarebbe conservata o meno la memoria e la
personalità che l'essere aveva prima
dell'esperimento. Il fatto di vedere saltare
gioiosamente attraverso i cerchi fu la prova che li
convinse che tutto era pronto e che si poteva fare il
passo successivo. Rolando ricorda con gioia il
momento in cui, dopo l'esperimento, lui ed Ettore
si misero a giocare con l'animale giovane e vivace.
Ma ricorda anche l'efficacia della strumentazione
spionistica americana: qualche tempo dopo, infatti,
gli venne fatta vedere una foto satellitare in cui si
vedevano, in maniera nitida, Ettore e Rolando
giocare con il cagnolino ringiovanito".*

A questo punto è ovvio domandarsi se l'anziano
Majorana abbia o meno usufruito della sua
macchina per ringiovanirsi. Pelizza non si
pronuncia a questo riguardo e, comunque, almeno
per il momento, non è disponibile alcuna
documentazione in merito.

Concludendo la loro relazione per il pubblico
mondiale, Rio e Alessandrini ammettono quanto
sia difficile credere in tutto quello che hanno

esposto. *"Siamo consapevoli che la storia che vi raccontiamo possa suscitare in voi un certo scetticismo: è la naturale, potremmo dire biologica, reazione provocata dalla nostra mente razionale, che non può accettare l'esistenza di qualcosa che vada oltre l'ordine costituito – dicono – Anche noi all'inizio eravamo decisamente scettici ma poi, gradualmente, l'evidenza dei fatti ci ha costretti ad ammettere che tutto quello che vi abbiamo raccontato è vero e realmente sperimentato. Siamo di fronte a un 'colossale' avanzamento delle conoscenze, un vero salto quantico, come si dice oggi, senza ben sapere cosa voglia dire 'quantico'. Questa grandiosa scoperta ha però un altrettanto grande limite, come tutta la conoscenza discesa in ambito umano: essa può essere usata per il bene dell'umanità o per il suo male. Siamo di fronte a qualcosa che può salvare un pianeta ormai sull'orlo del collasso o, viceversa, distruggerlo in poche 'mosse'. Dipende dall'uso che ne facciamo. Ettore e Rolando si sono sempre strenuamente opposti a un uso nefasto della macchina, rendendo la propria vita certamente non semplice e in aperto contrasto con chi voleva farne un'arma. Ci auguriamo che essa diventi di pubblico utilizzo al più presto, operata esclusivamente da persone dedite solo al bene del mondo"*.

E Pelizza? Oggi l'anziano bresciano, ormai sulla strada dell'ottantesimo compleanno, è un uomo solo e senza mezzi, che sopravvive grazie all'aiuto di alcuni amici. Non ha più la macchina e non può continuare i suoi amati esperimenti, ma continua a bussare alle porte dei suoi debitori per riscuotere quanto gli è dovuto per quei 125 cubi d'oro. Gli avrebbero fatto molte promesse dal 2007, ma continua a ripetere di non aver mai ricevuto un solo euro. L'unica soddisfazione è che la sua singolarissima storia ha suscitato l'interesse di due grandi università italiane che adesso sono in qualche modo coinvolte nello studio della misteriosa tecnologia. Non è molto, ma è pur sempre un buon inizio per fornire una spiegazione scientifica e razionale ad uno dei più grandi enigmi del Novecento.

Intanto, avvilito per tutte le inesattezze che sono state dette su di lui, alla fine Pelizza ha deciso di uscire allo scoperto inserendo la sua verità (foto, documenti, filmati e perizie) in un sito web dove racconta le esperienze di una vita (*Majorana-Pelizza.it*). Molti di questi contenuti sono assolutamente inediti, per esempio il filmato dove si vedono Pelizza e Majorana passeggiare nel parco. Oppure vari esperimenti effettuati con la macchina. Le lettere sono state periziate dalla dottoressa *Chantal Sala*, grafologa specializzata in ambito forense; immagini e filmati sono stati periziati dall'ingegner *Michele Vitiello*, titolare dello Studio Ingegneria Informatica Forense. Forse la cosa che colpisce di più è il titolo d'apertura di questo materiale: *"Con grande amarezza pubblichiamo il contenuto di questo sito".* Infatti, Pelizza spiega che, nonostante tutti i suoi sforzi per far conoscere la nuova tecnologia e donarla allo Stato italiano per il benessere della nazione e del mondo, non c'è riuscito a causa degli intricatissimi giochi di potere in cui si è trovato. Da qui la sua amarezza. Adesso, stanco di combattere, fa conoscere i suoi antichi segreti e si ritira in buon ordine, ammettendo la sconfitta. La verità è che non basta voler cambiare il mondo, anche se ce ne sarebbe un gran bisogno. Qualcuno, e non è difficile immaginare chi, desidera che tutto resti com'è, macchina o non macchina. Con buona pace degli eventuali geni che, come Majorana, ogni tanto fanno capolino su questa piccola e tormentata terra.

FINE PRIMA PARTE

INDICE

INFORMAZIONI E
DOCUMENTI

Majorana

Lightning Source UK Ltd.
Milton Keynes UK
UKHW020759230123
415815UK00015B/511

9 780244 701130